RÉPONSES

FAITES AU QUESTIONNAIRE

SUR

L'ENQUÊTE AGRICOLE

PAR

M. DUBOST, Ingénieur agricole,

Au nom de la Société Impériale d'Emulation de l'Ain.

BOURG,

IMPRIMERIE MILLIET-BOTTIER.

1867.

ENQUÊTE AGRICOLE.

Déposition de la Société d'Emulation de l'Ain.

(M. Dubost, rapporteur.)

1. De quelle manière est divisée la propriété territoriale dans la contrée sur laquelle porte l'enquête. Quelles sont les étendues de terrain qui dans la contrée sont considérées comme constituant les grandes, les moyennes et les petites propriétés? Quelles sont les proportions relatives de ces diverses natures de propriétés ?

Le département de l'Ain présente deux régions bien distinctes par le sol, par le climat, par les conditions de la propriété et de la culture : la montagne et la plaine.

La partie montagneuse du département comprend les arrondissements de Belley, de Nantua et de Gex. Sauf ce dernier arrondissement où l'on trouve quelques propriétés d'une certaine importance, le sol est extrêmement divisé dans cette région. On y rencontre peu de propriétés en corps de domaine affermé. Ce sont des parcelles de faible étendue qui appartiennent le plus souvent à ceux qui les cultivent. Les céréales et la vigne sont les cultures dominantes, jusqu'à l'altitude de 350 mètres pour la vigne, jusqu'à celle de 5 à 600 mètres pour les céréales. Au-dessus de cette dernière altitude, les pâturages et les bois prennent de l'extension. Dans la région des pâturages quelques fermes, dont le fromage constitue le principal produit, se rencontrent. Enfin les bois, d'essence résineuse surtout, couronnent les cîmes : ce sont en général de grandes propriétés, atteignant jusqu'à 1,000 hectares, qui appartiennent soit à des particuliers, soit à des communes, soit à l'Etat.

La plaine comprend les arrondissements de Bourg et de Trévoux.

Dans l'arrondissement de Bourg la propriété est généralement divisée, surtout dans la vallée de la Saône, où le sol très-productif appartient exclusivement à ceux qui le cultivent. Pour le reste de l'arrondissement, la moitié environ du sol appartient à ceux qui le cultivent et se divise en propriétés de 10 à 12 hectares de superficie moyenne. L'autre moitié appartenant à des rentiers établis dans le pays ou à des forains, constitue des propriétés de 40 à 50 hectares de superficie. On y trouve quelques propriétés de 2 à 500 hectares, mais en petit nombre. Au delà de 100 hectares, c'est la grande propriété ; au dessus de 30 c'est la propriété moyenne ; au dessous de ce dernier chiffre c'est la petite propriété.

La grande propriété n'absorbe qu'un dixième du sol, la propriété moyenne, quatre dixièmes; les cinq dixièmes restants forment le lot de la petite propriété.

L'arrondissement de Trévoux comprend, outre quelques vallées où le sol est très divisé, la région de la Dombes, où la grande propriété (de 200 à 1,000 hectares) absorbe la moitié du sol environ. La propriété moyenne (de 50 à 200 hectares,) absorbe l'autre moitié, défalcation faite des abords de quelques centres de population où l'on trouve des vestiges de petite propriété.

2. — **Quelle influence les changements qui ont pu avoir lieu depuis les 30 dernières années dans la division de la propriété ont-ils exercée sur les conditions de la production ?**

Dans la partie montagneuse du département où la population était en excès, eu égard aux ressources du pays, la

division de la propriété n'a fait qu'accroître un malaise déjà ancien. D'autres circonstances ont aggravé cette situation, et ont amené l'émigration qui s'est produite surtout dans cette région du département. Fort heureusement le développement de la culture pastorale, grâce à l'extension des associations fruitières pour la fabrication du fromage, et l'introduction de l'industrie du tissage de la soie, ont en partie contrebalancé les effets produits par une division parcellaire excessive et par l'excès de population. Mais il reste encore bien des souffrances dans nos montagnes, et la liquidation du passé que révèle un commencement d'émigration, n'y est point encore assez complète. Le travail est peu fécond dans la région montagneuse : il y est naturellement peu rémunéré. La situation ne s'améliorera efficacement que lorsque les bras en excès seront descendus dans les plaines et dans les vallées, où le travail est rare et le salaire élevé.

Dans le reste du pays, c'est-à-dire dans la plaine, la division du sol n'a produit que de bons effets. L'accession des journaliers à la propriété, qui s'est opérée un peu partout dans des limites variables, a augmenté sensiblement la production générale. En Bresse notamment, le produit brut de l'hectare du sol dans la grande ou moyenne propriété ne dépasse guère 250 fr. par an. La petite propriété porte ce produit jusqu'à 4 et 500 fr. par hectare.

Ce succès provient uniquement de ce que la petite propriété opère avec une masse d'engrais qui est en rapport avec la somme de main-d'œuvre qu'elle consacre au sol. On peut prévoir le temps où toute la propriété en Bresse sera entre les mains de ceux qui cultivent la terre. La moyenne propriété y subsistera dans une certaine limite : mais c'est la petite propriété qui est appelée à y dominer.

3. — En quelle proportion compte-t-on parmi les ouvriers agricoles ceux qui, propriétaires de lots de terre plus ou moins importants, travaillent alternativement pour eux et pour les autres ?

Dans la partie montagneuse du département un certain nombre d'ouvriers agricoles émigrent à l'époque des grands travaux, et viennent en Dombes chercher du travail et des salaires. Il est difficile d'évaluer au juste la population qui se déplace ainsi : mais elle dépasse certainement le chiffre de 3,000.

En Bresse et en Dombes, il y a très-peu de petits propriétaires travaillant alternativement pour eux et pour les autres. Aussitôt qu'un ouvrier est arrivé à la propriété, il afferme des lots de terre pour occuper ses bras et ceux de sa famille. Le haut prix de fermage qu'il donne assure partout le succès de cette combinaison.

4. — Quels sont les divers modes d'exploitation du sol ? Dans quelles proportions existent la grande, la moyenne et la petite culture ?

Dans l'arrondissement de Bourg, la moyenne culture est dominante. Les exploitations y comprennent de 20 à 50 hectares. La petite culture, qui opère sur des surfaces moins étendues, y est aussi très-développée.

Dans la partie de l'arrondissement de Trévoux qu'on appelle la Dombes, la petite culture n'a qu'une place très-restreinte : c'est la culture moyenne qui y domine. Les exploitations y ont de 40 à 100 hectares de contenance.

Dans toute la partie montagneuse règne la petite culture. Les corps de ferme de 20 à 30 hectares y sont très clair-semés.

On trouve d'ailleurs dans l'Ain tous les modes d'exploitation du sol : par les propriétaires, par des régisseurs, par des fermiers et par des métayers.

5. **Les grands propriétaires, les propriétaires moyens et les petits propriétaires exploitent-ils généralement par eux-mêmes ou font-ils exploiter sous leurs yeux et à leur compte ?**

Dans toutes les parties du département de l'Ain, sauf de très-rares exceptions, les petits propriétaires exploitent par eux-mêmes. Ceux d'entr'eux qui exercent une industrie ou un commerce, soit à la campagne, soit à la ville, afferment leur propriété.

Parmi les propriétaires moyens, la plus grande partie exploitent par eux-mêmes : les autres afferment à des fermiers.

Enfin parmi les grands propriétaires, il en est très-peu qui exploitent directement. Quelques-uns ont un fermier général, mais le plus grand nombre afferme, soit directement, soit par l'intermédiaire du régisseur, à des fermiers ou à des métayers.

6. **Quelle est parmi les grands, moyens ou petits propriétaires, la proportion de ceux qui louent leurs terres à des fermiers ou les font cultiver par des métayers ?**

Dans l'arrondissement de Bourg, le fermage est pour ainsi dire seul en usage, qu'il s'agisse de grands ou moyens propriétaires : on y compte à peine un métayer sur 15 ou 20 fermiers.

Dans la Dombes, au contraire, où la culture n'a pu se créer encore un capital d'exploitation suffisant, le métayage est aussi répandu que le fermage. Les grands propriétaires qui n'habitent pas le pays et qui commencent à comprendre que l'intervention d'un fermier général est une calamité pour la propriété comme pour la culture, tendent à substituer cependant le fermage au métayage, afin d'éviter cette funeste intervention. Il y a, sous ce rapport, un progrès décisif qui s'est opéré depuis 20 ans.

7. — Lorsque le régime du métayage existe, est-il d'usage qu'il y ait pour plusieurs domaines un fermier général servant d'intermédiaire entre les propriétaires et les métayers ?

Comme il vient d'être dit, les fermiers généraux étaient autrefois nombreux en Dombes. Chaque grand propriétaire avait le sien. L'absentéisme des propriétaires et la pauvreté des cultivateurs expliquent cet usage. Les cultivatenrs ne présentant pas de garantie de solvabilité, ne pouvaient aspirer à la condition de fermiers, et le propriétaire, pour percevoir un revenu fixe, sans dérangement, traitait avec un fermier général, qui sous-louait à des métayers. Le fermier-général ruinait la propriété et la culture et s'enrichissait ainsi, au détriment du sol et du cultivateur. L'histoire de certains fermiers généraux de la Dombes est bien connue dans le pays.

8. — Quelles sont pour les différentes espèces de propriétés, et pour les divers genres d'exploitation, le prix de vente des terres, suivant leur qualité, les variations que ces prix ont pu subir depuis un certain temps en remontant à 30 ans au moins, et les causes de ces variations ?

Le département de l'Ain présente les conditions les plus variées de sol, de climat et de culture. Il renferme donc des terrains de toute valeur, depuis 3 à 400 fr. l'hectare jusqu'à 10,000 fr. et plus.

D'une manière générale, on peut estimer que la valeur moyenne du sol de toute nature dans les vallées de la Saône et du Rhône est de 5 à 6,000 fr. l'hectare ;

Que la valeur du sol en corps de domaine, dans la partie

centrale de l'arrondissement de Bourg, est de 2,200 fr. l'hectare;

Et qu'enfin, dans la Dombes, l'hectare du sol en corps de domaine vaut moyennement 1,000 fr.

Dans la partie montagneuse du département, les coteaux plantés de vignes ont une valeur très variable, mais toujours élevée. Les terrains supérieurs qui sont soumis à la culture arable ou pastorale ne valent guère que 1,000 fr. l'hectare en moyenne. Les forêts de sapins qui dominent les crêtes ont une valeur qui peut atteindre jusqu'à 3 ou 4,000 fr. l'hectare.

Dans les dernières années du gouvernement de juillet la valeur vénale du sol était considérable. Sauf en Dombes, où l'augmentation du revenu a été telle qu'elle a entraîné depuis dix ans une augmentation d'un cinquième de la valeur du sol, on peut dire que dans la période comprise entre 1840 et 1846, le sol valait autant qu'aujourd'hui. Le revenu s'est cependant accru très-notablement depuis cette époque, ainsi qu'il sera dit plus loin, et si la valeur vénale n'a pas suivi la même progression, il faut l'attribuer uniquement au développement des valeurs mobilières. Les placements mobiliers ont absorbé la majeure partie des capitaux, et la terre, comme objet de placement a été délaissée. On achetait autrefois en capitalisant 35 à 40 fois le revenu : aujourd'hui on n'achète plus qu'au taux de 25 à 30 fois la rente. Les placements étaient de 2 à 3 % : on veut aujourd'hui des placements fonciers à 4 %.

C'est à tort qu'au point de vue public, on considère le délaissement partiel de la terre et des placements fonciers comme un mal. Le mal ne serait pas contestable, si les capitaux s'étaient retirés de l'agriculture, parce que la production aurait été atteinte dans celle de ses forces qui est la plus énergique. Mais au point de vue public, c'est moins la valeur de l'instrument de production qui importe que la valeur de la production elle-même. Or il est manifeste que celle-ci n'a fait que grandir. L'amoindrissement de la valeur du sol, par le fait du développement des valeurs mobilières, a causé des souffrances privées incontestables : ceux qui ont dû vendre n'ont pas été favorisés. Mais c'est là un fait qui n'a affecté que quelques fortunes privées, et à cet inconvénient, très-limité d'ailleurs, il y a plus d'une compensation sérieuse.

La première de toutes qu'il suffira de signaler, c'est l'énorme accroissement de la fortune publique, qui résulte du développement des valeurs mobilières.

La seconde, c'est le bien qui en résultera inévitablement pour l'agriculture elle-même.

D'une part l'élévation disproportionnée de la valeur du sol entraîne, comme l'expérience l'a prouvé, de fréquents changements de propriétaires, et ces changements entraînent à leur tour le *statu quo* de la production. D'autre part, les capitaux qui s'accumulent aujourd'hui sous la forme de valeurs mobilières reviendront tôt ou tard au sol, soit pour dégrever sa dette hypothécaire, soit pour le féconder. Le public est aujourd'hui habitué aux travaux d'ensemble exécutés par des associations ou par des compagnies. Lorsque l'agriculture deviendra, ce qu'elle n'est pas encore, une industrie avancée, pouvant tirer parti de capitaux importants, et comprenant les bienfaits de l'association, lorsque les cultivateurs seront assez éclairés pour s'emparer de tous les perfectionnements que comporte leur art, les capitaux et les associations viendront en aide à l'agricuture et aux cultivateurs. La simple utilisation des cours d'eau pour l'irrigation doit changer la face de la France et absorber utilement plusieurs milliards de ses épargnes. Nous ne sommes pas encore à l'époque où ces opérations puissent être entreprises sur une grande échelle. Mais si quelque chose peut hâter ce moment, c'est à coup sûr le développement des valeurs mobilières.

Cela est tellement vrai que déjà l'agriculture a bénéficié largement, dans le passé, du développement des valeurs mobilières. La plupart de ces valeurs ont eu pour but la création des chemins de fer, et l'on sait assez que l'agriculture n'a rien perdu à cette création.

Loin de se plaindre du développement des valeurs mobilières, l'agriculture devrait s'en réjouir. Elle n'a rien à y perdre et elle a beaucoup à y gagner.

9. — Les domaines sont-ils ordinairement conservés dans une seule main au moyen d'arrangements particuliers, ou sont-ils divisés entre les enfants ou les héritiers à la mort du chef de famille, ou enfin sont-ils habituellement vendus ? Quelles sont les conséquences produites dans l'un ou l'autre de ces cas ?

Toutes les fois que la chose est possible dans la Bresse et dans la Dombes, les domaines sont conservés dans une seule main. La grande et la moyenne propriété laissent généralement leurs domaines intacts, soit au moyen d'arrangements de famille, soit au moyen de ventes en bloc.

Il n'en est pas de même de la petite propriété qui se divise par égales parts entre les enfants, à la mort du chef de famille. Mais il serait erroné de croire que cette division peut aller à l'infini, et conduire au morcellement exagéré du sol. Car, à côté de cette division des patrimoines opérée par les partages de famille, il se produit un travail de reconstitution, soit par les alliances, soit par des acquisitions et des échanges.

Dans la partie montagneuse du département, au contraire, ce travail de reconstitution est moins sensible, et la funeste habitude de diviser les héritages, parcelle par parcelle, y a entraîné un morcellement excessif, qui est une gêne et une aggravation de charges pour la culture.

10. — Les ventes de terres ont-elles lieu plus particulièrement en bloc ou en détail ? Dans quelles proportions se pratiquent ces deux modes de vente ? Quelles sont les différences de prix suivant que l'un ou l'autre est employé ?

Les ventes au détail ont lieu dans les communes où existe déjà la petite propriété, et où elle tend à s'établir. Le petit propriétaire destine ses épargnes à arrondir son domaine. Mais ce n'est guère que dans l'arrondissement de Bourg que les ventes en détail se pratiquent, parce que là seulement les épargnes sont assez abondantes pour absorber un domaine de quelque importance.

Quelquefois il arrive que le vendeur cède en bloc à un un industriel, qui revend au détail à ses périls et risques. Dans ce cas la différence entre le prix de la vente au bloc et de la vente au détail peut être évaluée moyennement à un dixième.

11. Quels sont les prix de location des terres suivant leurs diverses qualités et dans les différents modes de constitution et d'exploitation de la propriété ? Quelles variations ces prix ont-ils subies depuis 30 ans au moins, et quelles ont été les causes de ces variations ?

La réponse à cette question se trouve dans le tableau, annexé à ce questionnaire, qui a été dressé par M. Dubost et qui est intitulé : *Revenu du sol dans le département de l'Ain*. — Les principales observations suggérées par ce tableau sont les suivantes :

Le revenu des 27 domaines (appartenant pour la plupart à l'arrondissement de Bourg) dont ce tableau indique les variations, est compris actuellement entre les chiffres extrêmes de 42 francs et de 91 francs par hectare; la moyenne générale de la rente est de 60 à 65 francs. Or en 1750, le revenu de ces mêmes domaines oscillait entre les prix extrêmes de 7 livres et de 21 livres : la moyenne générale était de 13 à 14 livres. De 1750 jusqu'à nos jours, c'est-à-dire en 116 ans, le revenu du sol en corps de domaine dans l'arrondissement de Bourg a donc quintuplé.

Première période. — En divisant le temps écoulé depuis 1750 en quatre périodes, on trouve que dans la première qui comprend la fin du règne de Louis XV (1750 à 1774) la rente du sol a fait peu de progrès.

Deuxième période. — A partir de 1774, date de l'avènement de Louis XVI au trône et de Turgot au ministère, les choses changèrent rapidement. Les réformes introduites par ce grand ministre dans les finances de l'Etat, dans le commerce intérieur des grains, etc., donnèrent à la propriété un essor vigoureux, qui contraste heureusement avec la période précédente. La suppression de la dîme, l'émancipation du sol et du cultivateur par la proclamation des libertés civiles et de la liberté des cultures, toutes ces mesures, qui furent l'œuvre de la Révolution française, accélérèrent ce mouvement d'ascension qui ne s'arrêta qu'en 1795 ou 1796.

A l'avènement de Louis XVI, la rente du sol en Bresse pouvait être évaluée moyennement à 15 livres. Elle était à 22 livres en 1780, à 30 livres en 1790, et s'élevait à 40 livres en 1795.

Il importe de remarquer que les rapides progrès de la rente sous la Révolution ne dénotent aucunement des progrès correspondants dans l'agriculture. La rente augmenta surtout dans cette période par la réforme des impôts, par la suppression de la dîme, etc... C'est l'affranchissement de la propriété des charges diverses qui pesaient sur elle, qui se traduit ici par un accroissement si rapide du revenu foncier.

Troisième période. — A dater de 1796, et sous la double influence des désordres du Directoire et des guerres du premier Empire, la rente foncière suivit une marche descendante aussi rapide que la marche ascensionnelle qui avait précédé et accompagné la Révolution française. En 1802, la rente était revenue au taux moyen de 1790, c'est-à-dire à 30 francs ; elle se maintint à ce chiffre, presque sans variation dans le sens de la hausse ou de la baisse, jusque vers les dernières années de la Restauration, c'est-à-dire jusque vers 1826 ou 1827.

On peut s'étonner que le rétablissement de la paix générale, en 1815, n'ait pas été suivi presque immédiatement d'une hausse de la rente foncière. Mais plusieurs causes, particulières à la région de l'Est, contribuèrent à retarder cette hausse. Les principales sont : 1° les effroyables réquisitions que les deux invasions firent peser sur notre agriculture ; 2° la destruction presque complète du bétail par le typhus hongrois. La disette de 1817 couronna toutes ces misères, et notre agriculture dut employer dix ans de paix à reconstituer son capital.

Quatrième période. — Dans les quarante années qui se sont écoulées depuis 1826, la rente a monté progressivement jusqu'au taux actuel, c'est-à-dire qu'elle a doublé pour le moins. La période formée par les dix dernières années est surtout remarquable par une hausse rapide du revenu foncier. Le mouvement ascensionnel qui se produisit sous le règne de Louis XVI est à peine aussi marqué.

Il importe d'ajouter que cette élévation de la rente coïncide avec une énorme augmentation des salaires et avec une amélioration très-notable du sort du cultivateur. La hausse du revenu foncier n'est donc pas simplement due à une de ces causes accidentelles ou passagères qui modifient la répartition de la production agricole. Elle est le résultat direct d'une augmentation de production, et conséquemment le signe d'une prospérité éclatante.

En Dombes, la courbe représentant les variations de revenu d'un hectare (il ne saurait être ici question que du sol affermé à prix d'argent) ne suivrait pas la même marche. D'après M. Varenne de Fenille, qui écrivait sous le règne de Louis XVI, le revenu du sol en Dombes pouvait être estimé alors à 15 livres. Ce prix de fermage a dû être porté à plus de 20 livres sous la Révolution Française par suite de la suppression de la dîme. En 1840 on le trouve à peine de 25 à 26 francs, et de 28 à 30 en 1860. En 1866, il atteint, ou peu s'en faut, 40 fr. par hectare.

Cette stagnation, durant plus d'un demi-siècle, s'explique par l'influence désastreuse des étangs et de tous les maux dont ils sont la suite : fièvre, dépopulation, absentéisme, fermiers généraux, etc. — Quant à la marche rapide que suit actuellement le revenu du sol en Dombes, elle s'explique également par plusieurs causes, faveurs du gouvernement, (chemins agricoles, chemins de fer, primes au dessèchement), amélioration dans les procédés de culture (labours profonds, introduction des machines, création de prairies) et meilleure entente des intérêts du sol.

12. Quelles sont les conditions des baux à ferme, leur durée habituelle, les obligations qu'ils imposent aux fermiers, indépendamment du paiement des fermages, notamment sous le rapport des redevances de toute espèce? Quelles sont le plus habituellement la nature et la valeur de ces redevances? Quelles modifications ont eu lieu dans les baux, sous ce dernier rapport, particulièrement depuis 30 ans environ?

La durée habituelle des baux à ferme est de 6 ou 9 ans. Les fermiers intelligents qui ont des capitaux et veulent faire des améliorations obtiennent parfois 12 ou 15 ans : mais c'est là un fait rare dans le département de l'Ain.

La plupart des baux contiennent encore des clauses par lesquelles le preneur s'engage à cultiver en bon père de famille, à ne pas *dessoler*, à ne pas cultiver plus de telle surface en récoltes fourragères comme betteraves, trèfle, etc. Pour nombre de propriétaires, il n'y a qu'une culture par excellence, celle du blé, et s'il se fait quelques progrès dans le pays, c'est presque toujours par la force des choses et contre la volonté des propriétaires. Quant aux clauses d'amélioration, il est extrêment rare d'en rencontrer. Sous ce rapport tout est à créer, et ce n'est que par la diffusion des saines notions d'économie rurale, non-seulement parmi les cultivateurs, mais surtout parmi les propriétaires que l'on peut espérer d'obtenir des résultats satisfaisants.

La plupart des baux contiennent aussi l'obligation par le preneur de fournir des redevances en nature. Jusqu'à la Restauration, ces redevances portaient sur le blé, le maïs, le beurre, le chanvre et la volaille. Aujourd'hui elles ne portent guère que sur la volaille : poulardes ou chapons en Bresse, poulets ou canards en Dombes. Les baux de l'administration des hospices, les mieux conçus que l'on trouve dans le pays, ne contiennent plus, depuis un quart de siècle, aucune clause relative à la fourniture de redevances en nature. Le prix du fermage s'y paie intégralement en argent, et les fermiers tirent de leurs produits le meilleur parti possible.

13. Quels sont les divers modes de paiement du prix de location des terres par les fermiers ? Ce paiement se fait-il pour la totalité ou pour partie, soit en argent, soit en nature ?

Il n'y a qu'un seul mode de paiement du prix de location des terres par les fermiers, dans le département de l'Ain, le paiement en argent. Le prix est fixé d'avance, et la plupart du temps il reste invariable durant toute la durée du bail. Il y a cependant dans le pays quelques exemples de baux progressifs. Ce sont des baux généralement plus longs que les baux ordinaires, et dans lesquels le prix du fermage s'augmente avec le temps ; par exemple, de 3,000 fr. pendant les 5 premières années, il passera à 3,500 fr. pendant les 5 années suivantes, et à 4,000 fr. pendant 5 autres années. Mais les baux conclus sur ces bases sont rares : ils supposent chez le preneur le désir et le pouvoir d'améliorer et chez le bailleur une confiance positive dans le savoir et l'intelligence du fermier.

14. Quelles sont les clauses et conditions des contrats de métayage ?

Le partage à moitié des fruits de la terre, moins les menus grains et les fourrages destinés à la nourriture du bétail, est la règle habituelle des contrats de métayage. Les frais de moisson et de battage dans la Dombes se payaient autrefois en nature sous le nom d'*affanures* et étaient prélevés sur la masse des grains avant le partage.

L'introduction des machines à battre tend à modifier le mode de paiement, mais sans apporter de modification à la répartition de ces frais entre le propriétaire et le métayer.

A côté du partage des grains destinés à la vente, il y a dans tous les contrats de métayage une clause qui stipule une redevance en argent, et qui s'appelle *droit de cour*. On dit que ce droit est de *grande cour*, lorsque le croit du bétail est attribué exclusivement au fermier. Dans ce cas, le droit de cour représente avec le croît du bétail, le produit des vaches laitières et le produit de la volaille. Le droit est dit de *petite cour*, lorsque le croît du bétail est compris dans le partage qui se fait entre le fermier et le propriétaire. Le droit de grande cour représente du tiers au quart de la valeur locative du domaine. Le droit de petite cour représente la moitié environ du droit de grande cour.

Dans tous les domaines, qu'ils soient à grangeage ou à fermage, est attaché un cheptel de bétail, de semences, et parfois même d'instruments de culture. Au 18e siècle, le cheptel comprenait encore la plupart des objets mobiliers nécessaires à l'usage du cultivateur. La restriction successive et constante du cheptel indique l'élévation progressive du bien-être et du capital de la culture.

15. Quel est le montant du capital de première installation dans une exploitation d'une importance donnée, et quel est le montant du capital de roulement ?

Dans l'arrondissement de Bourg, le capital apporté par un cultivateur, lors de son entrée dans un domaine, peut être évalué ainsi, par hectare de contenance du domaine :

Meubles, matériel et denrées pour le logement, le vêtement et la nourriture . . . . 100 f.

Matériel et instruments de culture	60
Bétail.	100
Capital de roulement	40
Total. . . .	300

Il faut rappeler qu'en outre de ce capital, un cheptel de de bétail, de semences, de pailles et de fourrages est attaché à chaque exploitation.

Dans la Dombes, le capital d'exploitation n'est guère que la moitié de ce chiffre.

16. Ces capitaux suffisent-ils aux besoins de la culture, au perfectionnement des procédés agricoles et à l'amélioration des terres?

Ces capitaux suffisent aux besoins de la culture, suivant la coutume du pays. Mais ils ne sauraient suffire au perfectionnement des procédés agricoles et à l'amélioration des terres. La part faite au bétail notamment, abstraction faite du cheptel attaché au domaine, devrait être le double ou le triple. Cet accroissement suppose d'ailleurs des travaux d'amélioration du sol, comme création ou irrigation de prairies, qui sont naturellement à la charge de la propriété. Or, d'une part, la culture est obligée de constituer son capital, et de l'autre la propriété n'est pas toujours disposée à faire les frais des améliorations foncières. Ce qui manque d'ailleurs, au propriétaire comme au fermier, c'est une instruction solide, capable de les rapprocher tous deux sur le terrain de leurs intérêts communs, et de les guider dans la voie de l'accroissement de la production, condition indispensable pour l'amélioration du sort de l'un et de l'autre.

17. Si les capitaux n'existent pas ou ne se trouvent pas en quantité suffisante entre les mains de ceux qui possèdent, etc.

Propriétaires ou cultivateurs empruntent peu en vue d'améliorations foncières. Les uns et les autres n'ont d'ailleurs qu'un moyen d'emprunter, en donnant un gage hypothécaire. Les épargnes de la propriété se convertissent le plus souvent en valeurs mobilières : celles de la culture en acquisition de sol.

L'offre des capitaux à placer sur gage hypothécaire tend d'ailleurs à devenir plus considérable que la demande. Ce mouvement déterminera sans doute une baisse d'intérêt.

18. A quel taux l'argent qui leur est nécessaire leur est-il habituellement fourni ?

A 5 p. 0/0. En y joignant les frais d'acte, d'enregistrement et de transcription, l'emprunt est réellement contracté à 5 1/2 ou 6 p. 0/0.

A ce sujet nous pensons que l'abolition de la loi de 1807, qui limite le taux légal de l'intérêt, serait très-favorable à l'agriculture.

Comme toutes les dispositions légales qui ont pour objet de réglementer les transactions, comme toutes les lois de maximum, en un mot, la loi de 1807 n'a jamais empêché le mal de se produire, elle n'a empêché que le bien. Elle donne lieu à des fraudes continuelles ; elle est éludée dans les opérations d'escompte, de ventes à terme, de ventes à réméré, dans les baux, dans les contrats de toute nature. Les monts de piété prêtent souvent au-dessous du taux légal. Les Etats eux-mêmes empruntent au-dessus du pair. Enfin la Banque de France, avec le monopole qu'elle possède d'émettre des billets de crédit, a souvent escompté les billets de commerce à 8, 9 et 10 p. 0/0 d'intérêt.

Mais la loi est aujourd'hui un obstacle à l'abaissement du taux de l'intérêt. Que cette loi disparaisse, et le caractère véritable de l'argent ou de ce qu'on appelle vulgairement mais improprement *le capital*, apparaîtra à tous les yeux. C'est une marchandise soumise, comme tout autre marchandise, à la loi de l'offre et de la demande. Elle vaut plus ou moins, suivant qu'elle est plus ou moins abondante. Mais il n'y a aucun moyen d'en entraver le négoce : car la réglementation va ici contre son but. Le seul résultat de la limitation du taux de l'intérêt, c'est d'effaroucher les capitaux, de livrer le marché aux plus hardis, et de faire payer à ces prêteurs par les emprunteurs une prime pour les dangers que la loi fait courir.

La liberté seule produira l'abaissement de l'intérêt par le développement de la concurrence.

19. Dans le cas où la situation actuelle du crédit agricole serait considérée comme défectueuse, par quels moyens, etc.

On ne saurait toucher, sans nuire à l'agriculture, au privilége conféré au propriétaire par l'article 2,102 du code Napoléon pour sûreté du prix de fermage. Le prêteur le plus naturel d'un fermier, celui qui peut le plus facilement lui ouvrir un crédit, qui est le plus intéressé à le faire, surtout s'il s'agit d'améliorations agricoles, c'est le propriétaire. Loin d'être un obstacle pour l'emprunteur, le privilége légal lui vient ici directement en aide. Si le propriétaire était dans l'impuissance de prêter au fermier, et s'il avait foi d'ailleurs dans sa probité et son intelligence, rien ne s'opposerait à ce qu'il renonçât à son privilège. Il n'y a donc pas là d'obstacle. La suppression du privilège légal se traduirait d'ailleurs inévitablement par une aggravation des charges imposées à la culture. Le propriétaire qui n'aurait pas confiance en son fermier exigerait sûrement le paiement d'un ou de deux termes d'avance. La situation du cultivateur serait ainsi bien loin d'être améliorée.

Le privilège conféré à la Banque de France pour l'émission de ses billets est un obstacle plus sérieux au développement du crédit agricole. Il s'oppose à la création de banques locales d'émission, analogues aux banques d'Ecosse, qui seules pourraient recueillir journellement les épargnes du pays et les faire fructifier en créditant personnellement les cultivateurs.

Nous ne saurions du reste attacher une importance excessive au crédit agricole dans l'état actuel de nos mœurs. Pour qu'une industrie obtienne un crédit facile, il faut qu'elle sache employer d'une manière fructueuse les capitaux qu'on lui confie. L'agriculture n'en est pas encore là, du moins dans le département de l'Ain. Dans 99 exploitations sur 100, la tenue des fumiers, chose si essentielle en agriculture, laisse énormément à désirer. On peut en dire autant de la tenue du bétail. C'est le hasard qui préside à l'accouplement des animaux, c'est la vieille routine qui préside à leur entretien. Que peut faire le crédit dans une industrie qui ne sait pas encore tirer parti des éléments qu'elle a sous la main, sans bourse délier?

Avant de faire appel au crédit en faveur de l'agriculture, formons des cultivateurs, des industriels dans toute l'acception du mot. Inculquons-leur des idées saines, développons leur esprit par l'instruction. L'industrie agricole a cela de particulier, c'est qu'elle est très-complexe, et que la plupart des produits qu'elle met en vente, ne sont que le résultat d'opérations et de transformations successives, dont l'importance, très-variable, échappe facilement à l'œil. Voilà pourquoi il faut apprendre aux cultivateurs, qui ne le savent pas assez, que l'engrais est la matière première de l'agriculture, et que cette matière première, aussi précieuse que le lin, le coton, la laine ou la soie, qui sont les matières premières de l'industrie des tissus, doit être recueillie avec le même soin et conservée avec la même vigilance.

Le crédit sera sans aucun doute une très-bonne chose pour l'agriculture, surtout le crédit personnel; et il est fort à désirer que des banques locales d'émission puissent en doter nos cultivateurs, dans un avenir rapproché. Mais ne faut-il pas avant tout les mettre en état d'user de ce crédit, et les doter d'un capital d'idées saines et justes qui leur fait surtout défaut?

Si l'on avait des doutes à cet égard, il suffirait de voir ce qui se passe pour toutes les institutions financières qui se sont donné la tâche de fonder le crédit agricole. Elles ont fait des opérations d'escompte qui ont profité à quelques agriculteurs exceptionnels. Mais l'immense majorité des cultivateurs ne soupçonne même pas l'existence de ces institutions et n'en comprendrait pas l'utilité. Le besoin n'est pas là, pour le moment du moins.

20. Les emprunts faits par les propriétaires et les exploitants du sol sont-ils consacrés exclusivement à l'amélioration des terres et au développement de la culture?

Il y a fort peu d'exemples de cultivateurs qui empruntent pour faire des améliorations. Ceux d'entre eux qui empruntent ne le font guère que pour payer des dettes et surtout pour faire des acquisitions.

Quelques propriétaires ayant voulu faire de la culture et donner l'exemple de ce qu'ils croyaient être les bonnes méthodes (il s'agit surtout de la Dombes), ont emprunté pour faire des améliorations. Malheureusement leur zèle n'était pas suffisamment éclairé, et la plupart n'ont abouti qu'à des catastrophes. Au lieu de viser à la production du fourrage, du bétail et du fumier, ils n'ont visé qu'à l'extension du sol arable dans un pays qui manque de fumier et où la main-d'œuvre est chère. Le luxe des constructions a été aussi pour beaucoup une cause de ruine. Ces catastrophes ont jeté pendant longues années du discrédit sur les opérations de culture entreprises par les propriétaires. Mais cette défaveur, grâce au temps et à l'exemple éclatant de quelques succès, commence heureusement à se dissiper.

21. Quelle est, aujourd'hui, comparée à ce qu'elle était à d'autres époques, la situation hypothécaire de la propriété rurale ? Quelle est particulièrement cette situation pour le propriétaire exploitant et le propriétaire non exploitant ?

Antérieurement à 1825, la petite propriété n'avait aucune importance dans l'arrondissement de Bourg, et la grande et la moyenne propriétés étaient à peu près franches de dettes.

C'est à dater de 1825 que la spéculation a fait passer la propriété d'une partie du sol entre les mains des cultivateurs. C'est aussi à la même époque que l'emprunt hypothécaire a commencé à prendre de l'importance. Jusqu'en 1835 on put compter annuellement dans l'arrondissement de Bourg 7 à 8,000 obligations notariées.

La période de 1836 à 1848 a vu s'augmenter encore les mutations, mais la dette n'a pas progressé dans la même proportion, parce que l'usage du prêt sur billet s'est introduit dans les habitudes du pays. Le nombre des obligations s'est maintenu dans cette période entre les chiffres de 8,500 à 9,700.

La période comprise entre 1849 et 1856 est remarquable par le nombre des inscriptions hypothécaires, et par le nombre des expropriations. D'une part le cultivateur avait acquis et emprunté parfois outre raison ; d'autre part les années furent moins favorables sans doute qu'on ne l'espérait, et des dettes chirographaires durent être converties en dettes hypothécaires par des inscriptions. Toujours est-il que le nombre des emprunts hypothécaires s'est élevé à 10 et 12,000 en moyenne dans cette période, et que les expropriations n'ont jamais été aussi nombreuses.

A partir de 1856, commence la liquidation de la propriété. Le cultivateur a passé par l'école de l'expérience : il n'achète plus que lorsqu'il peut payer. La dette s'éteint progressivement, et l'emprunt hypothécaire tend à disparaître. C'est à peine si l'on compte aujourd'hui 3,000 à à 3,500 obligations notariées par an.

Il faut ajouter que le cultivateur n'emprunte plus : quand il achète, il paie. Celui qui emprunte, c'est le propriétaire non exploitant, petit commerçant gêné dans ses affaires, ou propriétaire moyen qui fait des sacrifices pour l'éducation de ses enfants.

(Les renseignements qui précèdent sont dus à M. le conservateur des hypothèques de Bourg.)

22. Quelle a été l'influence exercée sur l'emploi des capitaux et des épargnes agricoles par le développement qu'a pris la fortune mobilière, et par la création de valeurs de toute nature ?

La réponse à cette question se trouve en grande partie déjà sous le nº 8 du questionnaire.

Le développement des valeurs mobilières a eu pour effet d'abaisser la valeur du sol, et par conséquent d'élever le taux des placements fonciers.

Quant aux épargnes agricoles, c'est-à-dire aux épargnes provenant de la culture, elles ne se sont converties que très-exceptionnellement en valeurs mobilières. C'est seulement dans les communes où tout le sol appartient déjà à ceux qui le cultivent, que les placements en valeurs mobilières tendent à se généraliser. Partout ailleurs les épargnes des cultivateurs, défalcation faite de la part qui vient en accroissement du capital d'exploitation, sont consacrées à des acquisitions. Lorsque les épargnes abondent, le sol acquiert une valeur tellement élevée que les propriétaires sont excités à vendre. Cette fureur d'acquisition a été très-funeste il y a 20 ou 30 ans : on achetait alors à crédit dans l'espoir de se libérer, et on aboutissait souvent à la ruine. Aujourd'hui les cultivateurs sont plus prudents, et se contentent de placer ainsi leurs épargnes. Les expropriations sont devenues très-rares, et le sol, au lieu de passer de main en main se consolide véritablement entre les mains de ceux qui le cultivent.

23. Les salaires des ouvriers de la culture ont-ils augmenté, et dans quelle mesure ?

Les salaires des ouvriers de la culture ont augmenté d'une manière incessante depuis un siècle. Toutefois cette augmentation a été beaucoup plus forte, depuis dix ans, qu'à tout autre époque.

Voici en effet la progression suivie par le gage d'un domestique mâle de ferme, d'une force moyenne, dans l'arrondissement de Bourg et dans celui de Trévoux :

	1789	1810	1830	1850	1860	1866
Arr^t de Bourg. .	72	120	150	180	210	270
Arr^t de Trévoux.	100	180	220	280	310	350

24. En a-t-il été de même des salaires des ouvriers et des domestiques autres que les domestiques employés pour la culture?

Les salaires des ouvriers et des domestiques non employés à la culture ont augmenté dans une proportion équivalente pour le moins à l'augmentation des salaires des ouvriers agricoles.

25. Quelles sont les causes de l'augmentation des salaires?

L'augmentation des salaires est due à deux causes principales : la raréfaction de la main-d'œuvre, et une meilleure direction donnée au travail. En d'autres termes, les bras sont moins offerts, et ils produisent davantage.

Les bras sont moins offerts, parce qu'ils sont devenus un peu plus rares. Un certain nombre de journaliers ont quitté le pays soit temporairement, soit d'une manière définitive, pour s'attacher aux grands travaux de terrassement exécutés par les grandes compagnies pour la création des chemins de fer. Le développement du bien-être dans les villes a modifié les conditions de la domesticité : un plus grand nombre de jeunes gens et de jeunes filles émigrent des champs à la ville dans le but de s'y créer un plus gros pécule. Enfin les familles sont moins nombreuses, surtout dans les communes riches, où le journalier, dominé par l'ambition de devenir petit propriétaire, se marie avec le dessein prémédité de n'avoir qu'une famille restreinte. C'est l'ensemble de ces causes qui explique la diminution de la main-d'œuvre disponible dans les campagnes, qui s'est opérée depuis 10 à 12 ans.

D'un autre côté, le travail est devenu incontestablement plus productif que par le passé. Soit que l'agriculture ait mis en œuvre une plus grande somme d'engrais, ce qui est vrai dans une certaine mesure, soit qu'elle ait modifié son outillage d'une manière avantageuse et de façon à produire plus d'effet utile avec une moindre dépense de forces, ce qui est encore vrai, elle a pu arriver à ce résultat de mieux rémunérer les bras qu'elle emploie, sans trop souffrir des conditions nouvelles. Ce qui prouve bien que le travail est devenu plus productif, c'est que l'élévation des salaires n'a pas interrompu dans le pays la marche ascendante du revenu du sol. Le produit obtenu étant plus grand, la part faite à la main-d'œuvre a été naturellement et nécessairement plus forte.

26 Le personnel agricole a-t-il diminué ? Le nombre des ouvriers ruraux est-il en rapport avec les besoins de la culture, ou est-il devenu insuffisant ?

On ne saurait dire que le personnel agricole a diminué : les domaines de la Bresse et de la Dombes, qui tenaient 4 ou 5 domestiques, en ont encore aujourd'hui le même nombre. Seulement on les recrute ou on les remplace plus difficilement. Il en est de même des journées d'occasion fournies à l'agriculture par les journaliers : le nombre de ces journées disponibles s'est abaissé. Il est donc plus difficile de se procurer de la main-d'œuvre à la journée ou à l'année que par le passé.

Est-ce à dire que ce soit là un mal, et que le nombre des ouvriers ruraux soit insuffisant pour les besoins de la culture?

Nous ne le pensons pas. Pour nous la meilleure agriculture n'est pas celle qui emploie le plus de bras, c'est celle qui nourrit le plus de bouches et qui les nourrit le mieux, c'est celle qni produit le plus de denrées avec la moindre dépense de forces. Plus une agriculture emploie de bras, plus elle est arriérée et pauvre. Sous ce rapport il n'y a donc qu'à laisser faire, parce que toutes choses se règlent d'elles-mêmes par le simple effet de la liberté. Si une culture exigeant beaucoup de main-d'œuvre devenait momentanément ruineuse, l'abandon partiel de cette culture ne tarderait pas à donner une plus haute valeur à ses produits, et à rétablir ainsi l'équilibre un moment rompu. L'intérêt du cultivateur est de produire ce qui lui donne le plus de profit. C'est aussi l'intérêt social, et l'un et l'autre se dégagent naturellement, par la force des choses. Il n'y a qu'à ne pas intervenir dans les questions de main-d'œuvre et de salaires.

27. S'il y a insuffisance d'ouvriers agricoles, quelles en sont les causes?

La réponse à cette question a été faite sous le numéro qui précède.

Mais il importe d'ajouter ici, que s'il n'y a pas insuffisance d'ouvriers agricoles, parce que d'une part on peut remplacer les bras par les machines, et que d'autre part, l'élévation des salaires a pour résultat de pousser la production dans une voie plus féconde, il ne faudrait pas en conclure qu'on peut impunément enlever à l'agriculture une part notable des forces dont elle dispose. Pour que l'agriculture trouve une compensation à la cherté de la main-d'œuvre dans l'élévation du prix de ses produits, il est essentiel que les bras enlevés à l'agriculture se consacrent à des travaux utiles, à des occupations productives. C'est l'augmentation des moyens d'échange, c'est-à-dire l'accroissement de la production industrielle, commerciale, artistique, etc., qui produira l'augmentation de valeur des produits de l'agriculture, qui ouvrira de nouveaux débouchés aux denrées agricoles et en fera monter le prix.

L'entretien de la force armée destinée à protéger le territoire national et à sauvegarder la sécurité des citoyens est un besoin public de premier ordre, auquel il faut à tout prix donner satisfaction. Mais les gouvernements devraient y regarder de bien près, quand il s'agit de lancer un pays dans la voie des aventures militaires. La guerre détruit bien des capitaux et moissonne bien des existences : capitaux et existences, rien de tout cela ne doit être sacrifié légèrement. L'agriculture notamment y a le plus grand intérêt : c'est elle qui paie la majeure partie des frais de la guerre, soit en argent, soit en hommes.

28. Le mouvement d'émigration des populations rurales vers les villes, etc.

Dans le département de l'Ain, la partie montagneuse seule a donné lieu à un mouvement d'émigration sensible vers les villes, et à l'abandon de la culture pour les travaux industriels. Mais on ne peut que se féliciter de ce résultat. La culture du sol dans la montagne est ingrate, et les populations qui se sont déplacées ou qui se sont adonnées au tissage de la soie, n'avaient rien de mieux à faire non-seulement pour elles-mêmes, mais encore pour le pays, que de chercher dans l'industrie ou dans d'autres occupations de meilleures conditions d'existence.

29. En cas d'affirmative, quelle est la proportion, etc.

Pas de renseignements précis sur cette question.

30. Les ouvriers qui émigrent des campagnes vers les villes sont-ils des terrassiers ou des ouvriers agricoles ? Appartiennent-ils, au contraire, à des corps d'état, etc.

Les ouvriers agricoles proprement dits émigrent peu vers les villes.

Les corps d'état fournissent quelques émigrants. Mais c'est surtout la classe des domestiques de maison qui fournit le principal contingent à l'émigration.

Cela est vrai surtout pour la Bresse, où l'émigration est peu sensible. Dans la partie montagneuse du département où l'émigration a pris, comme il vient d'être dit, des proportions plus considérables, les émigrants appartiennent soit à la classe des domestiques de maison, soit à la classe des ouvriers d'industrie.

31. Le manque de bras, là où il se fait sentir, provient-il uniquement de la diminution du nombre des ouvriers agricoles ? Ne résulte-t-il pas, dans une certaine mesure, des progrès de l'agriculture, et notamment de l'extension donnée aux cultures industrielles dont les travaux sont plus multipliés et exigeraient, dès lors, un personnel plus considérable pour une même surface cultivée !

Le personnel agricole dans l'Ain a peu diminué, si même il a diminué Mais les cultures se sont modifiées, et les besoins de main-d'œuvre sont devenus plus grands. Dans la Bresse le maïs qui exige trois sarclages a pris une place régulière dans l'assolement. Le cinquième environ des terres arables est annuellement ensemencé de maïs, destiné partie à l'engraissement des animaux, partie à la nourriture des hommes. Quelques autres cultures exigeant beaucoup de main-d'œuvre, comme la betterave, se sont aussi étendues. Ces modifications ont eu pour conséquence d'opérer un déplacement de la main-d'œuvre au profit des cultures industrielles, et de la raréfier pour les autres cultures.

En résumé, c'est encore moins le nombre des ouvriers qui a diminué que le nombre et l'importance des travaux de la culture qui ont augmenté.

32. L'insuffisance des ouvriers agricoles ne provient-elle pas aussi de ce qu'un certain nombre d'entre eux, devenus propriétaires,, etc.

Dans l'arrondissement de Bourg, où les salaires ont suivi la progression la plus rapide, l'ouvrier agricole, lorsqu'il est arrivé à la propriété, va rarement travailler pour le compte des autres. Il afferme quelques pièces de terre pour occuper ses bras et ceux de sa famille. Mais cette cause agit peu sur la raréfaction de la main-d'œuvre et sur l'élévation des salaires. Il n'y a là qu'un simple déplacement de forces et de bras,

33. L'insuffisance ne peut-elle pas être attribuée en partie à ce que les familles, etc.

C'est là peut-être la cause la plus importante de la raréfaction de la main-d'œuvre dans l'arrondissement de Bourg. On remarque, en effet, dans tous les pays où la petite propriété prospère, une tendance signalée à la diminution du nombre des enfants dans chaque famille.

34 Quelle a été l'influence exercée sur la diminution du personnel agricole, sur le taux des salaires et de la main-d'œuvre par l'emploi des machines dans l'agriculture? L'emploi de ces machines s'est-il déjà étendu dans la contrée et a-t-il une tendance à se vulgariser?

Les machines à battre sont exclusivement en usage dans le département de l'Ain. Dans les pays de montagne comme l'arrondissement de Nantua et celui de Belley, les machines à battre sont fixes et mues par des cours d'eau auxquels, dans certains cas, l'emploi de la vapeur vient en aide. Dans les arrondissements de Bourg et de Trévoux, qui constituent un vaste plateau dont tous les cours d'eau sont utilisés par des usines déjà anciennes, les machines à battre sont presque constamment des locomobiles, appartenant à des entrepreneurs qui louent leurs services à l'heure et vont de ferme en ferme battre la récolte. Ces locomobiles sont à vapeur et peuvent battre de 8 à 12 hectolitres de blé par heure de travail.

Un certain nombre de domaines ont aussi leur batteuse. Mais dans ce cas cette batteuse est à manège et installée à poste fixe. Quelques domaines ont cependant des batteuses fixes à vapeur.

L'emploi de la faulx pour la moisson est depuis longtemps d'un usage exclusif en Dombes et tend à le devenir en Bresse. Dejà même quelques spécimens de faneuses et de faucheuses existent dans le pays, surtout en Dombes, où la rareté et la cherté de la main-d'œuvre se font plus vivement et depuis plus longtemps sentir. En général on peut dire que la nécessité est la mère de l'industrie, et que les pays les plus avancés sous le rapport de l'emploi des machines, sont ceux où la main-d'œuvre est le plus rare et le plus chère.

Il résulte de là que la vulgarisation de l'emploi des machines est une conséquence sinon de la diminution du personnel agricole, du moins de la raréfaction de la main-d'œuvre, et qu'elle est un effet et non une cause. L'emploi des machines opère d'ailleurs un déplacement de travail et de forces, plutôt qu'une diminution de main-d'œuvre. Elle crée du travail à mesure qu'elle en supprime, seulement le travail qu'elle crée est plus fécond et plus productif que ne l'était le travail supprimé. De là un avantage pour tous à ce déplacement de forces. Le propriétaire ou le cultivateur obtient plus de produits de la somme de forces qu'il emploie : il fait naturellement, et par la force des choses, une part plus grande au travail.

Loin de diminuer la main-d'œuvre et les salaires, l'emploi des machines a eu constamment pour résultat de les augmenter. Sous ce rapport l'agriculture offre le même phénomène que l'industrie. Les machines ne tarissent pas les sources du travail : elles le rendent plus fécond et plus productif. Elles améliorent le sort de l'homme sous deux rapports : elles suppriment ou adoucissent ses fatigues, et elles élèvent le niveau de son bien-être en élevant le niveau de la production.

35 L'usage des machines à battre, particulièrement, n'a-t-il pas enlevé du travail aux ouvriers agricoles, à une certaine époque de l'année, et ces ouvriers n'ont-ils pas dû exiger une augmentation de salaire pour les autres travaux ? N'y a-t-il pas là une cause d'émigration ?

La réponse à cette question est en grande partie dans la

réponse à la question qui précède. Les machines à battre ont opéré un déplacement de travail, mais n'ont point tari la source du travail. Si le battage est devenu plus rapide et a exigé moins de main-d'œuvre par l'emploi des machines, les forces devenues disponibles se sont reportées sur les sarclages et autres travaux. Ce n'est pas qu'au premier moment il n'y ait eu un peu d'indécision. Le cultivateur qui, la première année, faisait usage de la machine à battre n'avait pas prévu l'économie de forces qu'allait lui procurer cet emploi, et ne s'était pas arrangé probablement pour employer utilement les bras laissés disponibles. Mais dès la seconde ou la troisième année les choses avaient repris un cours régulier. La machine à battre a soulevé quelques résistances sur divers points du pays dans la période comprise entre 1846 et 1850. Aujourd'hui elle est considérée par les journaliers eux-mêmes, comme un précieux auxiliaire. Le travail humain, secondé par les machines, produit davantage : voilà pourquoi il est et doit être mieux rémunéré.

Il n'y a point là de cause d'émigration. L'émigration s'est produite là où des souffrances existaient : mais l'emploi des machines n'a point créé de souffrances, durables tout au moins.

36. La manière de moissonner n'a-t-elle pas subi des modifications et n'exige-t-elle pas un personnel aussi nombreux que par le passé ?

L'usage de la faulx a produit le même effet que les machines pour le battage. La moisson est plus tôt faite, et la somme de travail qui y est consacrée est moindre. Mais les labours et les sarclages se sont étendus : une autre source de travail s'est développée, à mesure que celle-ci s'est réduite. — Il y a eu compensation avantageuse au profit de l'ouvrier agricole : moins de fatigue corporelle et travail mieux rémunéré.

37. La somme de travail obtenue des ouvriers agricoles, est-elle plus ou moins considérable que par le passé ?

Le nombre des heures du travail n'a pas augmenté d'une manière sensible, et sous ce rapport la somme de travail obtenue des ouvriers agricoles n'est pas plus considérable que par le passé. Mais il n'en est pas de même des produits du travail ou de ses effets. La production générale ayant augmenté sensiblement pour une somme de travail donnée, c'est une preuve que le travail a été mieux réparti, appliqué dans de meilleures circonstances, et c'est le fait qui explique et qui justifie l'élévation progressive des salaires et de la main-d'œuvre.

38. Les conditions d'existence de cette partie de la population se sont-elles améliorées ? S'est-il produit des modifications favorables dans la manière dont elle est nourrie, dont elle est vêtue et logée ? Son bien-être général s'est-il accru, et dans quelle mesure ?

L'instruction primaire est-elle dirigée dans un sens favorable à l'agriculture, et quelle est son influence sur le choix des professions ?

Les sociétés de secours mutuels sont-elles suffisamment répandues dans les campagnes ?

L'assistance publique y est-elle convenablement organisée ?

Les conditions d'existence des ouvriers agricoles se sont améliorées d'une manière très-avantageuse. Le pain dont on nourrit les domestiques dans les fermes, au lieu d'être de seigle pur, comme il y a 20 ou 30 ans, est aujourd'hui ou de pur froment, ou de froment et de seigle, mais avec proportion de moitié à deux tiers de froment. Leur pitance consistait autrefois en fromage ou caillat de lait et en quelques légumes de saison : du lard à l'époque des grands travaux. Aujourd'hui ils mangent du lard toute l'année, et dans les grands domaines, de la viande de boucherie une fois ou deux par semaine. Ils boivent du vin à l'époque des grands travaux, et de la piquette de raisins, de sorbes ou de genièvre durant l'hiver.

Les vêtements sont aussi plus propres et plus salubres. Tous les ouvriers agricoles sont vètus de drap en hiver et d'étoffes de coton ou de toile en été. Le costume des femmes s'est aussi modifié d'une façon qui dénote sinon toujours un goût irréprochable, du moins un notable accroissement d'aisance.

Quant au logement, peu de progrès ont été faits. C'est le point qui, sous le rapport de la salubrité, laisse peut-être le plus à désirer. Cependant les cheminées circulaires, placées au milieu des appartements, et donnant un large accès à l'air extérieur, ont disparu en Bresse et en Dombes ; on ne trouve que rarement des logements de journaliers dont le sol consiste simplement en terre battue. Les appartements habités par l'homme sont presque toujours carrelés. Le bien-être général de l'ouvrier agricole s'est donc accru d'une manière très-sensible.

Celui du cultivateur propriétaire, surtout dans les communes riches, où tout le sol est possédé par ceux qui le cultivent, est devenu enviable pour nombre d'habitants des villes. Certains cultivateurs des bords de la Saône ou des bords du Rhône, qui cultivent leurs propriétés de leurs mains et de celles de leur famille, ont un logement où l'on trouve deux à trois pièces tapissées et une espèce de salon avec cheminée basse. On y reçoit les journaux du pays, et la nourriture dont la viande forme le fonds est saine et abondante. On y boit du vin à tous les repas. Sur les bords de la Saône, les domestiques et les journaliers participent à ce confort, et s'asseoient à la table des maîtres.

La question de l'instruction primaire sera l'objet de développements particuliers sous le n° 155.

39. S'est-il opéré des changements dans l'état moral des ouvriers de la campagne? Leurs relations avec ceux qui les emploient sont-elles moins faciles qu'autrefois? Quels sont les résultats et les causes des changement survenus sous ce rapport?

L'état moral des ouvriers de la campagne s'est plutôt amélioré qu'amoindri par le développement de l'instruction. Ils sont plus ouverts, plus polis et moins querelleurs. Les rixes dans les campagnes sont moins fréquentes et beaucoup mieux réprimées que dans le passé. La facilité des communications et des rapports n'a pas été non plus étrangère à cet adoucissement progressif et général des mœurs.

Toutefois les relations des ouvriers avec ceux qui les emploient sont devenues moins faciles que par le passé. Autrefois l'ouvrier était en quelque sorte à la discrétion du maître : aujourd'hui c'est le maître qui est parfois à la discrétion de l'ouvrier. L'ouvrier avait peur d'être renvoyé avant l'échéance de son contrat, parce que son contrat lui assurait, outre le pain de chaque jour, le travail et le salaire de l'année. Aujourd'hui certains ouvriers cherchent eux-mêmes à rompre leur contrat, parce qu'à l'époque des grands travaux, le salaire de leur travail leur est assuré quand même à un taux plus élevé.

Il n'y a, dans ce fait, sauf l'abus, que l'indication d'une situation économique parfaitement normale. Lorsque la main-d'œuvre était plus offerte que demandée, elle subissait la loi de la demande. Le jour où elle a été plus demandée qu'offerte, elle a fait en quelque sorte la loi à la demande. C'est à l'agriculture à rétablir l'équilibre, s'il est rompu, ou à le maintenir par l'emploi de plus en plus général des machines, et par le choix des cultures qui exigent le moins de main-d'œuvre. L'intérêt individuel (borné par la justice) est la loi de ce monde pour les hommes comme pour les sociétés, et chaque homme est le défenseur naturel et le meilleur juge du sien. Il faut donc prendre les choses comme elles sont, parce qu'aucune puissance humaine ne saurait empêcher qu'elles soient. C'est à l'agriculture à s'accommoder à la situation, en maintenant, par les combinaisons dont elle est souveraine maîtresse, une juste proportion entre l'offre et la demande de travail.

La rareté des bras et l'élévation des salaires, loin d'être un indice de décadence pour l'agriculture, sont, au contraire, le signe manifeste d'une prospérité générale qui s'étend et d'une production agricole qui devient plus abondante. Quand le travail devient rare dans une branche de la production, c'est que toutes les forces humaines sont utilement employées. Quand une industrie paie des salaires élevés, c'est le signe qu'elle progresse; l'agriculture s'arrêterait infailliblement devant la cherté de la main-d'œuvre, si le prix en était hors de proportion avec les services qu'elle rend.

Au fond la situation actuelle était inévitable, et dans tout cela il n'y a rien qui doive alarmer.

40. Y aurait-il avantage à étendre aux ouvriers agricoles les dispositions de la loi du 22 juin 1854 relative aux livrets?

La rupture des contrats à gages entre les ouvriers et les maîtres, tend à devenir fréquente dans le département de l'Ain.

Dans les arrondissements de Bourg et de Trévoux, où les

engagements à l'année ont lieu à la Saint-Martin (11 novembre) certains domestiques, l'hiver passé chez un maître, s'engagent chez un autre pour les grands travaux de la campagne, parce qu'ils trouvent le moyen d'accroître ainsi leur salaire annuel. C'est là un abus qui peut entraîner de graves préjudices puisqu'il peut aller jusqu'à compromettre le sort d'une récolte.

L'extension aux ouvriers agricoles des dispositions de la loi du 22 juin 1854, relative aux livrets, paraît le moyen assuré de protéger les cultivateurs, et par conséquent l'agriculture, contre cet abus.

Dans une partie de l'arrondissement de Belley, où les engagements ont lieu à la Saint-Jean (25 juin), des tendances contraires se manifestent. Ce n'est plus les domestiques qui cherchent à quitter leur maître à l'approche des grands travaux, c'est le maître qui cherche parfois à se défaire de ses domestiques à l'approche de la saison d'hiver, lorsque les grands travaux sont achevés.

Dans ce cas encore, et réserve faite des moyens ordinaires de répression de cette violation de contrat, le livret nous paraît devoir être utile : en forçant le maître à y inscrire les motifs du renvoi, il doit être dans une certaine mesure, le garant des droits de l'ouvrier.

41. Le nombre des ouvriers nomades qui viennent se mettre à la disposition des cultivateurs pour les grands travaux de la moisson et de la vendange, etc.

Il n'y a guère que la Dombes dans le département de l'Ain où les ouvriers nomades viennent de temps immémorial se mettre en foule à la disposition des cultivateurs pour les grands travaux de la moisson. Ces ouvriers viennent des contrées voisines, le Beaujolais, le Bugey et le Dauphiné. Depuis l'introduction des machines, leur nombre a diminué sensiblement. Mais cette diminution n'a exercé aucune influence appréciable sur la condition des ouvriers sédentaires. La demande du travail s'est restreinte en même temps que l'offre. Si la main-d'œuvre est plus chère en Dombes que dans les contrées voisines, cette élévation de prix doit être attribuée principalement à l'insalubrité du pays.

42. Quels sont les divers engrais ou amendements dont l'agriculture fait usage dans le pays ?

Le fumier de ferme est pour ainsi dire le seul engrais employé dans le département de l'Ain. Il n'y a guère d'exception que pour deux cantons : celui de Pont-de-Vaux qui fait, depuis quelques années, une certaine consommation de guano, et celui de Montluel, où quelques communes emploient le produit des vidanges de Lyon.

Les cendres lessivées sont aussi employées sur différents points du territoire.

Les amendements employés sont la chaux, la marne et le plâtre.

La chaux est employée principalement dans la Dombes, la marne dans la Bresse, et le plâtre un peu partout. Ce dernier amendement est semé sur les fourrages, notamment sur le trèfle au printemps.

43. La production du fumier est-elle suffisante ? Y a-t-il besoin d'y suppléer par l'achat d'engrais naturels ou artificiels ?

La production du fumier n'est jamais suffisante : plus

on produit du fumier, plus on produit du blé et de toutes les choses que vend l'agriculture.

Il y aurait besoin à coup sûr d'y suppléer par l'achat d'engrais naturels ou artificiels. Mais l'agriculture dans le département de l'Ain n'en est pas encore là. Sauf de très-rares exceptions, les cultivateurs n'y savent même pas tirer le meilleur parti du fumier qu'ils produisent. La Dombes, où le fumier est l'élément de production qui fait le plus défaut, laisse surtout à désirer sous ce rapport.

44. Pour une étendue donnée de terres, combien a-t-on ordinairement de chevaux, d'animaux de race bovine, ovine, porcine, etc. ?

Dans l'arrondissement de Bourg, un domaine de 40 hectares, comprenant 12 hectares de pré, 10 hectares de bois ou de pâturages, et 18 hectares de terres labourables possède moyennement le bétail suivant :

Une jument du poids moyen de	500 kil.
6 bœufs de labour ou d'engraissement, pesant ensemble	2,400
5 vaches, 6 taureaux ou génisses, 4 veaux de l'année, pesant	3,000
Une truie et 8 porcs destinés à l'engraissement, pesant ensemble.	600
Total.	6,500 kil.

soit par hectare de superficie de 160 à 165 kilog. de bétail vivant.

Mais il faut ajouter à ce chiffre qui représente le poids normal du bétail nourri sur le domaine le poids de la viande grasse obtenue dans le domaine à l'époque de l'engraissement ; ce poids est de près de 2,000 kilog., ce qui porte à 210 ou 215 kil. par hectare le poids du bétail nourri ou engraissé sur la ferme.

On peut faire beaucoup plus : sans restreindre la part faite à l'engraissement, on pourrait notamment nourrir mieux le bétail de rente ou d'élève, les vaches et les veaux, et arriver ainsi à une production de fumier plus abondante. Mais cette méthode s'éloignerait des traditions du pays, et l'ignorance est le grand obstacle à tout changement de procédé.

En Dombes, le poids du bétail est moins élevé. De plus ce bétail est de qualité inférieure, et vit presque toute l'année au pâturage. Le fumier qu'il donne est peu abondant et de mauvaise qualité.

45. Quels sont les frais que l'agriculture a à supporter pour l'achat d'engrais naturels ou artificiels, etc. ?

Il a déjà été répondu que l'achat des engrais, dans le département de l'Ain, n'est que très-exceptionnel.

46. A quelles dépenses l'agriculture de la contrée a-t-elle à faire face pour le chaulage, le marnage ou autres amendements des terres, etc.

La Bresse a été marnée tout entière et continue à l'être régulièrement. La marne étant assez commune dans le pays, il n'y a là que des transports à faire durant l'hiver. C'est un travail qui ne donne pas lieu à des dépenses effectives en argent.

Le chaulage, usité dans toute la Dombes, exige, tous les dix ans, une dépense de 100 fr. par hectare de sol arable, soit une dépense de 10 fr. par année.

Enfin l'emploi du plâtre, borné aux prairies artificielles

et surtout au trèfle, met moyennement à la charge de la culture 2 fr. par hectare de sol arable dans la Bresse et 1 fr. environ dans la Dombes.

D'autres substances seraient précieuses pour la culture du département de l'Ain. Il est à présumer que le phosphate de chaux rendrait de grands services, soit à la Bresse, soit en Dombes. Mais l'absentéisme des propriétaires, l'ignorance et l'incurie des cultivateurs s'opposent à l'essai de cette substance.

47. Quels sont les frais accessoires que supporte la culture pour la construction et l'entretien des bâtiments ruraux, etc.

Dans l'arrondissement de Bourg, un domaine de 40 hectares, affermé 2,500 fr. et valant 70,000 fr., exige des bâtiments d'une valeur de 12,000 fr. environ. — C'est le propriétaire qui fait construire et qui répare ces bâtiments. Le cultivateur, chargé simplement des dépenses locatives, n'entre dans les frais d'entretien de ces bâtiments que pour une part tout-à-fait insignifiante. Quant aux frais d'assurance contre l'incendie, ils sont généralement à la charge du fermier.

49. Quels sont les frais d'achat et d'entretien du matériel agricole?

Le matériel agricole d'un domaine de 40 hectares, pris dans l'arrondissement de Bourg, peut être évalué à 18 ou 1,900 francs.

Les frais d'entretien s'élèvent au dixième environ de ce chiffre.

51. Quels sont aujourd'hui, pour la grande, la moyenne et la petite culture, les divers modes d'assolement, etc.

Dans les arrondissements de Bourg et de Trévoux le blé revient à la même place tous les deux ans au moins. Dans quelques communes on rencontre des cultivateurs qui vont jusqu'à faire blé sur blé. La culture qui suit le blé est pour l'arrondissement de Bourg, le maïs ou le trèfle, ou les pommes de terre, betteraves, etc.... Dans la Dombes, les fourrages verts et le trèfle n'occupent qu'une place restreinte. La jachère absorbe le reste du sol.

Dans les pays de petite propriété et de petite culture, où le sol arable est profond et où la fumure abonde, on fait presque toujours deux récoltes par an : ainsi le sarrazin et les raves après le blé, etc. On peut dire que dans les communes des grandes vallées, le sol ne se repose jamais.

L'assolement triennal est en vigueur dans le Bugey.

52. Quelles modifications ont été apportées, sous ce rapport, à l'ancien état de choses ?

Les modifications les plus importantes qui ont eu lieu sous ce rapport, tiennent à la suppression complète de la jachère dans l'arrondissement de Bourg, et à sa restriction de plus en plus grande dans l'arrondissement de Trévoux. Ce sont les cultures fourragères qui ont pris ou qui prennent la place de la jachère dans ces deux arrondissements. Seulement dans l'arrondissement de Bourg, où toute la culture pivote sur l'engraissement du bétail, les cultures fourragères en grains dominent : maïs, vesces, fèves, etc. Ces cultures, très-épuisantes, consomment autant d'engrais qu'elles en produisent.

Il faut noter aussi que le blé a pris complètement la place du seigle dans ces deux arrondissements. Dans beaucoup de domaines on ne fait même plus assez de seigle pour faire les liens des gerbes.

53. Quelle est l'étendue des terres affectées à chaque culture? La proportion qui existe, etc.

La composition ordinaire d'un domaine dans l'arrondissement de Bourg, est d'environ 40 hectares, dont 18 de terres arables, 12 de prairies et 10 de bois ou de pâturages.

Les 18 hectares de terres arables sont emblavés à peu près de la manière qui suit :

Blé.	9 hect.
Maïs	3
Trèfle	2
Pommes de terre et betteraves	1
Vesces, pois, jarosses pour grains	2
Colza, chanvre, etc.	1
Total.	18 hect.

On fait en outre des cultures intercalaires de sarrazin après le colza et après le blé, et des cultures de trèfle pour être pâturé par les porcs, entre le blé et le maïs.

Si l'on excepte le blé, le chanvre et le colza, qui sont ou consommés dans le domaine ou portés directement au marché, tous les autres produits sont consommés par le bétail et n'arrivent au marché que sous la forme de viande. Toutefois il importe de remarquer que la part faite aux animaux d'engraissement est excessive, et qu'après le prélèvement des fourrages destinés à ces animaux, il ne reste rien ou presque rien pour les vaches laitières et pour les animaux d'élève. Les fourrages destinés à être consommés en vert dans l'étable, font presque complètement défaut. Aussi, à l'exception des animaux de labour, toujours tenus en état, dans la prévision d'un engraissement plus ou moins rapproché, le bétail ordinaire du pays laisse-t-il à désirer.

Il faudrait prélever sur la part de blé une certaine surface et la consacrer à la culture des fourrages destinés au bétail de rente et d'élève.

La viande est d'un placement très-facile dans l'arrondissement de Bourg : les bœufs et les porcs de la Bresse, après prélèvement de la consommation locale, alimentent les marchés de Mâcon, Châlon, Genève et Lyon, depuis le mois de novembre jusqu'au mois d'avril.

Sans nuire à l'industrie de l'engraissement, il y aurait possibilité de mieux tenir le bétail ordinaire et d'augmenter ainsi la production totale du fumier. Le cultivateur y trouverait son profit. S'il ne le fait pas, c'est parce que, de temps immémorial, il donne peu de soin au bétail (à part les animaux de labour ou d'engraissement) et que l'instruction, qui seule pourrait le décider à rompre avec la routine, lui fait défaut.

Dans l'arrondissement de Trévoux, les choses sont encore moins avancées. On n'y fait pas d'engraissement, et le bétail ordinaire est encore plus mal tenu. Le défaut d'instruction a ici des effets plus funestes, parce que plus les conditions sont défavorables, plus il faudrait d'habileté et d'initiative pour arriver à un succès rapide et étendu. Sans doute le cultivateur en Dombes ne dispose pas de capitaux bien considérables : mais combien y trouverait-on de cultivateurs connaissant l'importance des soins à donner au fumier, et sachant y sacrifier simplement quelques heures de travail par année?

54. **Quels ont été depuis un certain nombre d'années, en remontant à 30 ans au moins, les progrès accomplis et les améliorations réalisées dans la culture du sol ?**

Dans l'arrondissement de Bourg deux progrès sont à signaler depuis 30 ans : l'extension des cultures fourragères et le marnage du sol. Sous l'influence de ces deux causes, le niveau de la production s'est sensiblement élevé : la production animale surtout (viande grasse et volailles) a pris un énorme accroissement.

Dans l'arrondissement de Trévoux, le trèfle, les vesces et autres fourrages, inconnus il y a trente ans, ont pris un certain développement. Mais la cause la plus active de transformation pour ce pays, c'est l'emploi, devenu général, de la chaux. La transformation des étangs de la Dombes en prairies naturelles deviendra pour ce pays un élément non moins puissant de prospérité.

Dans la partie montagneuse du département, la culture pastorale, la seule qui rémunère convenablement la main-d'œuvre qu'elle emploie, a fort heureusement gagné du terrain. Les fruitières se sont multipliées dans le Bugey et le pays de Gex, et partout elles ont amélioré les conditions de la culture et la position du cultivateur.

55. **Dans quelle mesure les divers procédés agricoles se sont-ils perfectionnés ?**

Le labourage s'est sans doute amélioré dans le département de l'Ain : mais il y a encore beaucoup de progrès à faire sous ce rapport. Il y a 25 ou 30 ans, la seule charrue qui fût en usage dans le pays, était l'ancien araire à versoir de bois. La Société d'Emulation de l'Ain avait contribué cependant à faire adopter la charrue Dombasle par quelques cultivateurs intelligents du pays.

La Dombes est de toutes les parties du département de l'Ain celle qui a fait les plus grands progrès sous ce rapport. On y emploie de très-bons modèles de charrue et les labours y ont acquis une profondeur bien supérieure à celle des labours en Bresse. Dans ce dernier pays, c'est-à-dire dans l'arrondissement de Bourg, l'ancien araire a bien disparu totalement, mais il a été remplacé par une charrue défectueuse, *la Vouivre*, sorte de compromis entre l'araire primitif et les charrues perfectionnées. Le labour s'y pratique généralement d'une manière trop superficielle.

Le hersage a reçu peu d'amélioration. Sauf quelques cultivateurs, qui font usage de herses puissantes, on ne connaît guère dans le pays, que l'ancienne herse à dents de bois.

Le battage mécanique a partout remplacé le battage au fléau, et l'emploi de la faulx pour la moisson est à peu près complétement substitué à l'emploi de la faucille.

Mais les autres procédés de culture, notamment en ce qui concerne le sarclage, la tenue du bétail et du fumier, n'ont reçu sauf quelques exceptions, aucun perfectionnement.

61. Quelle est, dans la contrée, l'étendue des terres auxquelles le drainage pourrait être utilement appliqué ?

Le drainage pourrait être utilement appliqué à la moitié du sol dans les arrondissements de Bourg et de Trévoux, c'est-à-dire à une surface de 80 à 100,000 hectares.

62. Quel a été, jusqu'à présent, le développement donné à cette pratique agricole? Quels en ont été les résultats?

On n'a guère drainé dans le département de l'Ain que 3,500 à 3,600 hectares.

Les résultats ont été, comme partout, très-divers.

Dans certains cas où l'opération avait été mal exécutée, il y a eu envasement des tuyaux.

Dans d'autres cas où l'opération était irréprochable, mais où l'on a voulu demander au drainage ce qu'il ne peut pas donner, c'est-à-dire de fortes récoltes sans fumure, l'effet a été peu sensible.

Sur tous les points où l'expérience a été bien faite, et où une culture véritablement industrielle a suivi l'amélioration du drainage, le résultat a été excellent. L'intérêt du capital consacré à l'amélioration dépasse certainement 10 % dans ce cas.

63. Quelles sont les circonstances qui ont pu s'opposer à ce qu'elle prît plus d'extension?

La période où le drainage a reçu le plus d'application dans le département de l'Ain, est la période comprise entre 1853 et 1856. Une série d'années pluvieuses avait alors saturé le sol d'humidité : les récoltes étaient partout et constamment compromises. Cet inconvénient venant à s'amoindrir, par l'effet du changement des conditions climatériques, le drainage perdit de son importance aux yeux de la grande majorité des cultivateurs et des propriétaires.

Il n'y avait plus *nécessité* de drainer, il y avait tout simplement *utilité*.

Le drainage est une opération qui exige le concours du propriétaire et du cultivateur. Elle suppose un propriétaire soucieux des intérêts du sol, assez éclairé pour consentir à des sacrifices dans le présent, en faveur de l'avenir. Elle suppose surtout un cultivateur entreprenant, désireux d'améliorer sa position, autrement que par les procédés en usage, et ne négligeant rien pour obtenir ce résultat. Avec notre système d'instruction, et avec les mœurs qui en sont la conséquence, la rencontre d'un tel propriétaire et d'un tel cultivateur ne peut être que fortuite et rare.

64. Quel est l'état des irrigations dans la contrée? Sont-elles naturelles ou artificielles ?

Dans le département de l'Ain les irrigations sont généralement artificielles. Elles se pratiquent au moyen de barrages disposés sur les cours d'eau.

65. Les irrigations naturelles par débordement ont-elles diminué ou augmenté ?

Les irrigations naturelles par débordements ont diminué sensiblement depuis quelques années. Le curage et le redressement des cours d'eau ont amené ce résultat.

66. Quels sont les obstacles qui ont pu s'opposer à l'extension de la pratique des irrigations dans les terres où elle serait utile ?

La division de la propriété a été un obstacle d'une certaine importance à l'extension de la pratique des irrigations. Mais les associations syndicales pourront s'organiser le jour où l'instruction sera plus développée chez les cultivateurs. Toutes les autres causes locales qui ont agi contre l'extension des irrigations, comme l'usage de la vaine pâture, etc., s'amoindriront ou s'effaceront devant une instruction plus complète et surtout plus générale.

68. Quelle est, dans la contrée, l'étendue relative des prairies naturelles ?

Dans l'arrondissement de Bourg, les prairies naturelles occupent le cinquième environ du territoire. On peut y compter moyennement 40 hectares de prairies pour 100 hectares de terres labourables.

Dans la Dombes, les prairies occupent à peine le dixième du territoire : on n'y trouve guère que 17 à 18 hectares de prairies, pour 100 hectares de terres arables.

Pour les arrondissements de Nantua, de Belley et de Gex, la proportion des prairies naturelles aux terres labourables est extrêmement variable d'une commune à l'autre.

69. Quel est le rendement moyen en fourrages des prairies naturelles ? Quel est le prix de vente de ces fourrages depuis dix ans ?

En Bresse, le produit moyen des prairies naturelles peut être fixé à 3,200 ou 3,300 kilog. de foin sec par hectare. Dans la Dombes, le rendement moyen ne peut guère être évalué à plus de 2,400 ou 2,500 kilogrammes.

Dans la Bresse beaucoup de prairies sont arrosées. En Dombes les étangs absorbent la presque totalité des eaux dont le pays dispose, et ainsi que les fonds qui, par leur position et leur richesse, conviendraient le mieux à la production du fourrage.

Le prix de vente de ces fourrages est très-variable, suivant les saisons. Les limites extrêmes de prix sont 6 et 12 fr. les 100 kilog.

70. Quelle est l'étendue relative des terres cultivées en prairies artificielles ?

En Bresse, le trèfle et les vesces occupent le cinquième environ des terres labourables, soit le dixième du territoire total.

En Dombes, le trèfle et les vesces occupent la même étendue relative. Seulement les vesces dominent dans l'arrondissement de Trévoux, tandis que dans l'arrondissement de Bourg, elles n'occupent qu'une place restreinte.

71. Quels sont les frais de culture de ces prairies pour une étendue donnée en mesure locale et ramenée à l'hectare ?

Il est impossible d'établir des moyennes exactes. Les cultivateurs seuls qui tiennent une comptabilité régulière (on n'en compterait pas plus de 20 dans le département de l'Ain) pourraient répondre à cette question. Encore faut-il ajouter que le compte de ces frais de culture est forcément arbitraire parce qu'il y entre des éléments (main-d'œuvre, fumier, etc.) auxquels chaque cultivateur assigne des prix différents.

72. Cultive-t-on dans la contrée d'autres plantes destinées à la nourriture des animaux, etc.

Les betteraves, les pommes de terre, les carottes et les navets sont cultivés dans la Bresse et dans la Dombes ; mais les navets ou raves sont toujours cultivés après le blé, en récolte dérobée.

La part faite à ces cultures peut être évaluée à un vingtième du territoire dans l'arrondissement de Bourg, et un cinquantième dans l'arrondissement de Trévoux : cela représente environ le dixième des terres arables dans l'arrondissement de Bourg, et le trentième dans l'arrondissement de Trévoux.

Dans les arrondissements de montagne, ces cultures sont tout-à-fait exceptionnelles.

Le rendement des betteraves peut être évalué moyennement à 20,000 kilog. ; celui des pommes de terre à 15,000 ; celui des navets à 12,000, celui des carottes à 15,000.

73 A-t-il été donné depuis un certain nombre d'années un développement sensible aux cultures fourragères, et dans quelle proportion ?

Le développement des cultures fourragères dans le département de l'Ain a suivi une marche sinon très-rapide, du moins très-régulière, et se continue encore aujourd'hui. Depuis 20 ans la surface consacrée au trèfle a doublé pour le moins ; les vesces ont gagné dans une proportion égale. Quant à la betterave et aux autres racines sarclées, qui occupent une surface plus restreinte, il n'y a guère que 25 ou 30 ans qu'on les cultive.

74. Quel est le rendement moyen des terres cultivées en plantes fourragères des diverses espèces, trèfle, luzerne, sainfoin, betteraves, etc.

On peut estimer que le trèfle rend moyennement 3,500 kilog. de fourrage sec dans l'arrondissement de Bourg et 2,400 kilogrammes seulement dans l'arrondissement de Trévoux.

La luzerne n'est cultivée que très-exceptionnellement

dans le département de l'Ain. Son rendement peut être fixé à 5,000 kilog., terme moyen.

75. Quel est le prix de vente de ces produits?

Aucun de ces produits, si ce n'est dans des circonstances tout-à-fait exceptionnelles, n'est livré à la vente dans le département de l'Ain. Les fourrages artificiels sont toujours consommés directement par le bétail dans les fermes.

76. Quels sont pour les animaux de chaque sorte : chevaux, mulets, etc.

Les cultivateurs qui tiennent une comptabilité complète, pourraient seuls répondre à cette question; et cette réponse ne doit même être accueillie, il nous semble, qu'avec réserve.

L'un des tableaux annexés à ce questionnaire donne approximativement le prix moyen d'une paire de bœufs de labour depuis 1750 jusqu'à nos jours. — L'accroissement de valeur des animaux employés à la culture suit, à peu de chose près, la loi d'accroissement de la rente foncière.

77. Y a-t-il amélioration dans la quantité et la qualité des animaux? Quels changements, etc.

La quantité des animaux nourris par l'agriculture s'est notablement augmentée dans le département de l'Ain, depuis 30 ans. Mais l'amélioration dans la qualité n'est pas aussi sensible.

L'amélioration du bétail implique la nourriture à l'étable, au moins jusqu'après l'enlèvement des foins. Or il est à remarquer que, dans tout le département de l'Ain, excepté peut-être quelques communes privilégiées sous ce rapport, le bétail est conduit au paturage dès le mois de mars. Les fourrages verts de printemps font défaut, et le bétail reste maigre toute l'année. Les jeunes animaux ne peuvent développer leur charpente, et l'amélioration de la race est ainsi rendue impossible.

De grandes incertitudes ont aussi régné dans le pays sur le choix des races à introduire pour opérer des croisements améliorateurs. On a eu recours successivement aux races suisses de Salers et de Fribourg, à la race écossaise d'Ayr, etc. On conseille aujourd'hui, avec juste raison, de s'en tenir à la race du pays, et de l'améliorer par elle-même en choisissant les meilleurs reproducteurs. Nous croyons que le conseil est bon à suivre, mais nous croyons aussi que le principal élément d'amélioration d'une race, c'est la nourriture qu'on donne aux animaux. C'est donc par l'augmentation des fourrages et par l'amélioration de leur qualité qu'on pourra arriver à l'amélioration du bétail dans le département de l'Ain.

Or, sous ce rapport, les progrès accomplis ont été minimes.

78. Quelles facilités nouvelles l'extension des cultures fourragères, sur les points où elle a été constatée, a-t-elle procurées pour l'élevage du bétail et la production des engrais ? — Achète-t-on pour les animaux des aliments non fournis pas l'exploitation ?

L'extension des cultures fourragères a eu pour résultat l'accroissement du nombre des animaux, comme il vient d'être expliqué. La production des engrais s'est aussi développée dans la même proportion.

On n'achète des aliments pour les animaux dans le département de l'Ain, que sur les points et dans les années où les récoltes de fourrages ont manqué. En temps ordinaire, chaque exploitation n'a que le nombre d'animaux qu'elle peut nourrir.

79. Existe-t-il un écart trop élevé entre le prix du bétail sur pied et celui de la viande au détail? A quelles causes doit-on attribuer cet écart ?

Le prix de la viande de boucherie au détail n'est pas uniforme, du moins à Bourg, le principal centre de population du département de l'Ain. Certaines boucheries ne tiennent pour ainsi dire que de la viande de premier choix, tandis qu'à côté et surtout sur la place publique se vendent journellement des viandes de qualité secondaire et inférieure. Les prix, dans ce dernier cas, sont toujours de 20 à 30 centimes par kilog. au-dessous des prix des grandes boucheries. La concurrence est donc active, et restreint aux plus justes limites les bénéfices des intermédiaires, c'est-à-dire des bouchers.

L'administration a renoncé à peu près définitivement à intervenir dans le commerce de la viande de boucherie. Elle a sagement fait, car elle était tiraillée entre deux tendances contraires : celle des producteurs, qui veulent vendre le plus cher possible, et celle des consommateurs qui tiennent à payer le meilleur marché. La justice veut que producteurs et consommateurs débattent eux-mêmes et librement leurs intérêts, c'est-à-dire en dehors de toute influence administrative. En matière de transactions, il n'y a qu'un droit, la liberté, ou comme on dit, le *laissez faire*.

80. Quel parti les cultivateurs tirent-ils des autres produits provenant des animaux de la ferme, tels que les laines, le lait, le beurre, les fromages, etc. . ?

Dans la plaine, c'est-à-dire dans les arrondissements de Bourg et de Trévoux, le lait des vaches est ou vendu en nature ou converti en beurre. Dans le voisinage des villes de Bourg, de Mâcon et de Lyon, et jusqu'à une certaine distance de cette dernière ville, sur le passage des voies ferrées, le lait se vend en nature au prix de 12 à 15 centimes le litre. Partout ailleurs on le convertit en beurre destiné soit à la consommation locale, soit à la consommation de Lyon. Le *caillat* ou résidu du lait, après prélèvement de la partie butyreuse, sert à faire des fromages qui sont consommés dans l'intérieur des fermes.

Dans la partie montagneuse, le lait sert surtout à la fabrication des fromages dits de *Gruyère* ou de *Gex*. Le département de l'Ain compte déjà de nombreuses fruitières en pleine prospérité. Le prix des fromages s'était élevé dans une proportion remarquable dans les années qui ont précédé la conclusion du traité de commerce franco-suisse. Mais, depuis lors, le débouché pour nos fromages indigènes s'est un peu restreint. Il n'y a là sans doute qu'un ralentissement momentané : le développement de la consommation donnera une faveur nouvelle aux produits de nos fruitières, et ne tardera pas à en relever le prix.

81. Quelle ressource les cultivateurs trouvent-ils dans l'élevage de la volaille?

L'arrondissement le plus favorisé sous ce rapport est

celui de Bourg. L'industrie des volailles grasses, l'élevage des poulets de grains et des pigeons, la production des œufs y donnent lieu à un commerce très-important et très-productif pour le pays. On ne saurait estimer à moins de 20 ou 25 fr. par hectare de territoire, le produit en argent de la basse-cour dans cet arrondissement. Les petits cultivateurs surtout qui s'adonnent à l'engraissement de la volaille fine obtiennent des résultats vraiment extraordinaires.

Dans l'arrondissement de Trévoux, la volaille est aussi une branche importante de la production agricole. On n'y fait pas de volaille grasse, mais les oies et les canards qui se nourrissent dans les étangs en eau, y sont l'objet d'un commerce assez important.

Sur quelques points de l'arrondissement de Belley, on élève et même on engraisse des dindonneaux.

82. Quelle est, dans la contrée, l'étendue des terres cultivées en céréales des diverses espèces ?

Il n'est pas possible à la Société d'Emulation de répondre d'une manière précise à cette question.

83. Quels sont, pour chacune de ces céréales, les frais de culture d'un hectare de terre, etc.

Impossible d'établir des moyennes.

84. Quel est le détail de ces différents frais, etc

Même observation.

85. **Quel est le rendement par hectare pour chacune de ces espèces de céréales depuis dix ans ?**

Même observation. — Tout en constatant que le rendement de toutes les céréales a sensiblement augmenté depuis dix ans, surtout en Dombes.

86. **La production des céréales de chaque espèce a-t-elle augmenté dans une proportion sensible depuis 30 ans ?**

La production du seigle a diminué : celle du blé a presque doublé depuis 30 ans dans le département de l'Ain. Les causes de cette augmentation sont : 1° l'extension notable de la surface attribuée à la culture du blé ; 2° l'augmentation du rendement par suite des chaulages, marnages, fumures et autres améliorations.

On a importé quelques espèces nouvelles de céréales, mais leur succès paraît encore problématique à l'heure qu'il est.

87. **Quels ont été les prix de vente des diverses espèces de céréales, et les variations que ces prix ont pu subir depuis dix ans ?**

L'un des tableaux annexés à ce questionnaire (*prix de l'hectolitre de blé sur le marché de Bourg*) répond à cette question en ce qui concerne la principale céréale. Il donne le prix annuel du blé depuis 1750 jusqu'à nos jours. Pour les autres céréales, les renseignements font défaut, ou plutôt le temps a manqué pour les recueillir.

88. **L'emploi des épargnes du cultivateur à la formation de petites réserves de grains est-il aussi fréquent que par le passé.**

Les cultivateurs qui sont à leur aise ne se pressent pas de vendre leurs grains : ils attendent la hausse, toutes les fois qu'ils peuvent attendre. Le dégrèvement hypothécaire de la petite propriété, l'accroissement d'aisance des fermiers ou des métayers, ont contribué à faciliter ces réserves et à en accroître le nombre. Si le prix du blé ne s'est pas trop déprécié dans ces dernières années, malgré une abondance excessive, c'est en grande partie à ces réserves, et aux causes qui les ont rendues possibles, qu'il faut attribuer ce résultat. Ici comme partout, ceux qui supportent le mieux les effets des crises, sont ceux qui ont des avances ou des épargnes. Ceux qui vivent au jour le jour sont les premiers frappés.

89. La qualité des différentes sortes de céréales s'est-elle améliorée par suite d'une culture plus soignée? Le poids d'une mesure déterminée, etc.

La qualité du blé s'est améliorée sensiblement dans les arrondissements de Bourg et de Trévoux. Dans le premier de ces arrondissements, l'hectolitre de blé a gagné en poids de 2 à 3 kilog. depuis 30 ans. On peut en dire autant pour la Dombes, quoique la qualité du blé qui en provient ne vaille pas celle du blé de Bresse. L'amélioration du sol est certainement pour quelque chose dans ce résultat. Mais peut-être est-il juste de constater que les procédés de nettoyage sont aujourd'hui meilleurs qu'à toute autre époque et que l'augmentation de poids du blé produit sur les marchés doit être attribuée, au moins en partie, à cette cause.

90. Quel parti les cultivateurs tirent-ils de leurs pailles? Quelle est la portion qu'ils utilisent dans leur exploitation et celle qu'ils peuvent livrer à la vente?

D'une manière générale l'agriculture dans le département de l'Ain, fait consommer directement toutes les pailles qu'elle produit. Il n'y a d'exceptions que pour les communes qui sont placées dans le voisinage des centres importants de population. La part qui est livrée à la vente peut s'élever dans ce cas jusqu'au dixième de la production totale.

Pour les nos 91, 92, 93 et pour toutes les questions qui se rapportent au prix de revient de cultures ou de produits, la Société a reconnu qu'il était *impossible* de répondre ou d'établir des moyennes.

99. La production de chacune de ces cultures industrielles s'est-elle développée, etc.

La betterave à sucre est cultivée sur quelques points du département. Mais c'est une culture qui ne fait pour ainsi dire que de naître dans le pays et qui se développe davantage d'année en année.

Le colza et la navette ont une certaine importance dans les cultures de la Bresse et même de la Dombes. Ce sont des cultures qui gagnent du terrain, à cause du prix élevé et presque régulier des produits qu'elles donnent.

Quant au chanvre, il n'est guère cultivé que pour les besoins du pays. Il faut excepter toutefois les cantons de la Bresse qui forment le littoral de la Saône, où la production du chanvre pour les cordages de la marine, a une certaine importance.

100. Quels sont les prix de vente de chaque produit, et les variations, etc.

L'usine de Tournus paie la betterave à sucre de 17 à 18 fr. les 1,000 kilog. rendus à l'une des gares du chemin de fer de Genève. Elle rend les pulpes au prix de 13 à 15 fr. aux mêmes gares.

Manque de renseignements pour les autres produits.

101. **Quelle est l'importance de la fabrication des sucres indigènes dans la contrée ?**

Il n'y a aucune usine à sucre dans le département de l'Ain. La seule qui existe dans le voisinage est celle de Tournus (Saône-et-Loire). Elle alimente en partie sa fabrication de betteraves récoltées dans les cantons de Pont-de-Vaux, de Bâgé, de Pont-de-Veyle, de Montrevel et de Bourg.

102. **La production des alcools y joue-t-elle un rôle considérable ?**

Trois distilleries avaient été créées dans le département de l'Ain, il y a quelques années. Mais aucun de ces établissements ne fonctionne aujourd'hui.

103. **Quels ont été les progrès réalisés dans ces deux industries ?**

Aucun.

104. **Quelle est dans la contrée, l'étendue des terres cultivées en vignes ? La culture de la vigne y a-t-elle reçu de l'extension depuis dix ans ?**

L'étendue consacrée à la culture de la vigne dans le département de l'Ain peut être évaluée à 17,000 hectares environ. Depuis dix ans cette culture a reçu une extension de un dixième.

105. Quelles sont les modifications qui ont pu être apportées depuis 30 ans, etc.

Cette culture n'avait pas autrefois, surtout dans l'arrondissement de Bourg, l'importance qu'elle a acquise. On lui donnait moins de soins qu'aujourd'hui.

On fume les vignes plus fréquemment que par le passé, et l'on a pu ainsi augmenter sensiblement le produit. Ce meilleur entretien et ces fumures plus fortes sont dues au prix élevé du vin.

106. Quelles sont les principales espèces cultivées, et quelle est la nature et la qualité des vins récoltés ?

Les principaux cépages cultivés sont :

La *mondeuse* et le *Montmeillan* dans le Bugey;

Le *gamai* et le *Chardenet* sur les bords de la Saône (arrondissements de Bourg et de Trévoux);

Le *chétuan*, le *mescle* ou *pulsard* dans le Revermont.

Dans cette dernière partie de l'arrondissement de Bourg, le gamai tend à s'introduire.

Tous ces vins ont des qualités différentes. Le vin du Bugey a du corps et fait un vin ordinaire passable. Les bords de la Saône et le Revermont donnent un vin ordinaire médiocre au goût, mais qui a des qualités hygiéniques appréciées.

107. Des progrès ont-ils été réalisés soit par un meilleur choix des cépages, soit par des améliorations introduites dans les procédés de culture ?

Quelques tentatives ont eu lieu pour obtenir dans le pays de nouveaux cépages, et pour améliorer les procédés de culture. Mais ces tentatives ont exercé peu d'influence. Il n'y a jusqu'à ce jour que des faits isolés.

108. Les procédés de fabrication des vins se sont-ils améliorés?

Les procédés de fabrication des vins se sont améliorés d'une manière sensible depuis quelques années. La vendange se fait d'une manière plus rapide, et les vignerons mettent moins de temps à remplir chacune de leurs cuves. La fermentation est ainsi rendue plus égale.

D'un autre côté le cuvage est moins prolongé, et si les vins ont un peu moins de couleur, ils ont plus de corps et risquent moins de tourner à l'époque des chaleurs.

109. Quels sont les frais de culture des terres plantées en vignes, etc.

Les divers travaux que nécessite la culture de la vigne, et les frais auxquels donne lieu chacun de ces travaux, sont les suivants, dans le Revermont du moins :

	Par hectare
Provignage	22f 50
Taille	67 50
Fumier	90 »
Fossurages	75 »
Binages	37 50
Echalas	15 »
Remontage des terres	45 »
Vendange	30 »
Total	382 50

110. Quel est le rendement par hectare des terres plantées en vignes, et quelles variations, etc.

Le rendement moyen est d'environ 33 hectolitres par hectare.

On peut considérer que ce rendement s'est accru d'un dixième environ depuis dix ans.

111. Quels sont les prix de vente des vins et quels changements, etc.

Le prix-courant des vins dans l'Ain est de 20 à 25 fr. l'hectolitre. Ce prix s'est accru d'un cinquième à un sixième depuis dix ans.

Le placement des vins d'ailleurs, quelle qu'en soit la qualité, est beaucoup plus facile que par le passé.

136. Quelle est la direction donnée aux divers produits agricoles de la contrée et quelles variations cette direction a-t-elle éprouvées depuis 30 ans ?

Le bétail gras de la Bresse alimente la consommation totale ou partielle des villes de Bourg, Mâcon, Châlon, Lyon et Genève. Ce n'est que depuis l'ouverture des chemins de fer que cette dernière ville vient s'approvisionner sur les marchés de l'arrondissement de Bourg.

Le blé, après avoir fourni à la consommation locale, se dirige vers Lyon. L'arrondissement de Gex exporte en Suisse.

Les œufs et le beurre s'exportent à Lyon. Il y a dans le pays de très-nombreux pourvoyeurs, qui sont voués à ce commerce.

La volaille se dirigeait autrefois presque exclusivement

vers le marché de Lyon. Elle s'exporte aujourd'hui en Suisse, dans le midi de la France, à Marseille, à Nice et jusqu'en Italie. Les vins du département, après avoir pourvu à la consommation locale, s'exportent à Genève, à Lyon et même à Mâcon. Ceux qui vont dans cette dernière ville sont employés aux coupages.

137. La facilité et la rapidité plus grandes des communications, etc.

Cela n'est pas douteux. Il n'est pas un des produits du département qui n'ait trouvé de nouveaux débouchés dans les pays éloignés par suite de la facilité et de la rapidité des communications.

138. Quels sont ceux de ces produits qui ont plus particulièrement pris part à ce mouvement ?

Le bétail gras, bœufs et porcs, les œufs, le beurre, la volaille, le blé et le vin.

139. Quels progrès serait-il possible de réaliser encore à cet égard ?

Les bois du Bugey supportent des frais de transport onéreux pour se produire sur les marchés de consommation. Un projet de chemin de fer départemental est destiné à faciliter ce transport, et, par conséquent, à étendre le débouché de nos forêts.

Le chemin de fer projeté dans la Haute-Bresse favorisera également l'expédition à des distances éloignées des produits importants de ce pays : blé, bétail et volailles.

140. Quelle influence le perfectionnement des voies de communication a-t-il exercée sur le prix de revient des produits agricoles?

Cette question manque de netteté.

Il y a d'ailleurs beaucoup à dire sur ce qu'on appelle prix *de revient*, taux *rémunérateur*, etc. L'agriculture est une industrie complexe, et qui donne lieu, comme tout autre production, à un partage du produit entre les éléments qui ont concouru à le former. La *rente*, c'est-à-dire le revenu du sol, ou la part du propriétaire; le *profit*, c'est-à-dire la rémunération du cultivateur, de ses capitaux et de son habileté; les *salaires* ou la part faite au travail manuel de l'homme : voilà les trois parts à envisager dans la production agricole. Ces trois parts augmentent-elles? L'agriculture est en pleine prospérité, et tous les calculs de prix de revient ne prouveront rien contre l'évidence de ce fait. Sont-elles au contraire en baisse? Le revenu du sol diminue-t-il? Le cultivateur souffre-t-il dans son bien-être ou cesse-t-il de faire des épargnes? Les ouvriers sont-ils moins rémunérés? Si un seul de ces effets vient à se produire, l'agriculture est en souffrance. S'ils se produisent simultanément la souffrance est à la fois ancienne et extrême.

Mais prétendre que la production se fait à perte, alors que la rente est en hausse, alors que la position du cultivateur s'améliore, alors que les salaires s'élèvent dans une proportion inconnue jusqu'ici, c'est affirmer un fait contre toute évidence.

Tous les calculs de prix de revient en agriculture, c'est-dire dans une industrie très-compliquée, qui donne lieu à des transformations successives, sont arbitraires.

Le prix de revient, si variable d'ailleurs d'un point à un autre, d'une année à l'autre, etc., n'est même pas quelque chose d'absolu quand on le considère comme une moyenne. Il suffit que la part du sol, de la culture ou de la main-d'œuvre dans la production agricole vienne à s'abaisser ou à s'élever par suite d'une circonstance quelconque, toutes choses restant égales d'ailleurs, pour que le prix de revient du produit s'abaisse ou s'élève, pour que la limite où le prix devient rémunérateur ou cesse de l'être, soit ainsi déplacée.

141. La facilité des communications a-t-elle eu pour effet de niveler les prix et de faire disparaître, etc.

Le nivellement des prix est l'effet inévitable du perfectionnement des voies de communication.

Sous ce rapport le département de l'Ain n'a ressenti que de bons effets de la création des chemins de fer. Grâce à l'ouverture de nouveaux débouchés, le prix de tous ses produits, moins le blé peut-être, s'est sensiblement élevé.

144. A combien s'élèvent ces frais sur les chemins de fer ? Quels sont les prix des tarifs et les autres dépenses accessoires ?

Bétail. — Tarif spécial n° 11. — 5 centimes par tête et par kilomètre pour bœufs, vaches, chevaux, mulets, à la condition d'être chargés par wagon complet de 6 têtes. Les veaux et les porcs sont admis à participer à ce taux à raison de 15 têtes par wagon complet, représentant l'équivalent de 6 têtes de bœufs.

Betteraves. — Pulpes et résidus. — Tarif spécial n° 3. — Expéditions de 5,000 kilog. et au-dessus. Jusqu'à 40 kilomètres, sans que la taxe puisse être supérieure à 2 fr., le prix du transport est de 7 centimes par tonne et par kilomètre. De 40 à 50 kilomètres, le prix est de 5 centimes.

Au-dessus de 50 kilomètres, 4 centimes par tonne et par kilomètre, sans que la taxe puisse être inférieure à 2 f. 50.

En plus, 40 centimes par tonne pour chargement, déchargement et droit de gare, à l'arrivée et au départ.

La compagnie se réserve 5 jours en sus du temps réglementaire. Cette clause est fâcheuse pour l'agriculture. La pulpe de betterave, denrée d'une fermentation facile, devrait être transportée dans les délais ordinaires.

La section de Mouchard à Bourg fait exception à ce tarif. Le prix y est uniformément de 7 centimes par tonne et par kilomètre, quelle que soit la distance. Il y aurait lieu d'assimiler ce tarif à celui des autres parties du réseau.

Cailloux. — Pierre à chaux. — Tarif spécial n° 30. — Jusqu'à 100 kilomètres, et sans que la taxe puisse être inférieure à 2 fr. ou supérieure à 4 fr., le prix du transport est de 6 centimes par tonne et par kilomètre. — De 100 à 200 kilomètres, 4 centimes.

Sur la section de Mouchard à Bourg, le prix est différent.

Jusqu'à 50 kilomètres (sans que la taxe, frais de gare non compris, puisse être supérieure à 3 fr.), 8 c. par tonne et par kilomètre. (Les frais de gare, chargement et déchargement sont de 1 fr. par tonne). — Au-dessus de 50 kilomètres, 6 centimes.

Il y a lieu, dans l'intérêt du département de l'Ain, de demander l'abaissement de ce tarif et son assimilation aux tarifs spéciaux 18 et 19, relatifs au transport des fourrages. Le prix pourrait être de 10 fr. par wagon de 10,000 kilog. pour des distances inférieures à 25 kilomètres.

Céréales. — Tarif spécial nº 1. — Jusqu'à 50 kilomètres (sans que la taxe, frais de gare non compris, puisse être supérieure à 2 fr. 50), 7 centimes. Au-dessus de 50 kilomètres, 5 centimes.

Sur la section de Mouchard à Bourg, le prix est de 7 centimes, quelle que soit la distance.

Les frais de gare et de manutention, à l'arrivée et au départ sont de 1 fr. 50 par tonne.

Chaux. — Tarif spécial 33 et 34. — Jusqu'à 100 kilomètres, sans que la taxe puisse être supérieure à 5 fr., 6 centimes. Au-dessus de 100 kilomètres, 5 centimes. Au-dessus de 200 kilomètres, 4 centimes.

Le transport de la chaux ne se fait dans l'Ain qu'à de faibles distances. Il y a lieu de demander l'abaissement à 4 ou du moins 5 centimes, du prix de transport de la chaux pour les distances inférieures à 100 kilomètres.

Fourrages. — Pailles, etc. — Tarifs spéciaux 18 et 19. — 25 centimes par kilomètre et par contenance de wagon du poids de 5,000 kilog., sans que la taxe puisse être inférieure à 10 fr. par wagon, plus un droit de stationnement de 40 centimes par tonne.

Pour les parcours au-delà de 50 kilomètres, il y aurait lieu de demander la réduction de ce tarif.

Farines. — Maïs en grains. — Tarif spécial nº 2. — Prix unique, 8 centimes par tonne et par kilomètre, plus 1 fr. 50 par tonne pour frais de gare à l'arrivée et au départ.

Sur la section de Mouchard à Bourg, 7 centimes.

Les prix du transport des farines devraient être réduits aux conditions du tarif nº 1, relatif au transport des céréales.

Fumiers. — Guano, marnes. — Tarif spécial n° 44. — Le tarif est le même que pour la *chaux*. Il donne lieu aux mêmes observations.

Volailles. — Volailles mortes. — Volailles vivantes en cage. — Tarif spécial n° 12. — 32 centimes par kilomètre et par wagon du port de 5,000 kilog. Les frais de gare et de manutention sont en sus.

Grande vitesse. — 28 centimes par tonne et par kilomètre plus 1 fr. 60 par tonne pour droits de gare, plus 10 centimes pour chaque expédition.

L'abaissement de ce tarif, pour les transports à grande distance, aurait un grand intérêt pour le département de l'Ain. La volaille morte ou vivante ne peut guère s'expédier que par grande vitesse.

147. Les grains importés de l'étranger sont-ils venus depuis quelques années faire concurrence aux grains indigènes sur les marchés de la contrée ? Dans quelle mesure ? Quels ont été les effets de cette concurrence ?

Depuis 1847, année où les blés étrangers parurent sur le marché de Bourg, on n'a pas souvenir d'avoir vu des blés étrangers faire concurrence aux grains indigènes sur les marchés du pays. Cette concurrence ne pourrait d'ailleurs s'exercer qu'en temps de grande cherté : nous sommes séparés des blés étrangers par près de 100 lieues de territoire et par la ville de Marseille, où, en temps ordinaire, le prix du blé est généralement plus élevé que chez nous.

Toutefois, dans ces derniers temps, quelques négociants ont fait venir des blés de Marseille pour les convertir en farines. Mais cette spéculation, restreinte d'ailleurs à quelques usines, n'est possible que lorsque le prix du blé est à 33 fr. les 100 kilog. sur le marché de Bourg. Cette importation de blés étrangers influe peu sur les cours du pays, parce que ces blés achetés pour la mouture ne paraissent pas sur les marchés. Ils contribuent cependant à en modérer le cours, parce qu'ils diminuent l'importance de la demande . . . .

. . . .

Il résulte toutefois de documents fournis par la direction des douanes du département de l'Ain, que durant l'espace de 10 ans (1er janvier 1856 au 31 décembre 1865) l'importation suivante des grains et farines a eu lieu par le bureau des douanes de Bellegarde.

NATURE DES MARCHANDISES.			Quantités importées de 1856 à 1865 inclusivement. COMMERCE	
			GÉNÉRAL.	SPÉCIAL.
			Quintaux.	Quintaux.
CÉRÉALES	GRAINS	Froment	369	369
		Seigle	40	40
		Maïs	21	21
		Orge	60	53
		Avoine	1037	1037
	FARINES	Froment	750	750
		Seigle	1	1
		Maïs	9	9
		Orge	1	»
		Avoine	»	»

Cette importation totale, qui comprend une période de dix années, est insignifiante, et n'a pu exercer aucune influence sur les prix à l'intérieur. Nous ne la relevons que pour donner plus de précision à nos paroles et plus de poids à notre opinion.

Au bureau des Rousses (Jura) l'importation a encore été plus insignifiante. En dix ans, il n'a été importé par ce bureau que 150 quintaux de blé et 50 quintaux de farine de froment.

148. Quelle part la contrée a-t-elle prise au mouvement d'exportation des céréales françaises à destination de l'étranger? Si des expéditions de ce genre ont eu lieu, quel en a été l'effet?

Le tableau suivant, dont les éléments ont été fournis très-obligeamment à M. Dubost par la direction des douanes de Bourg, contient, par espèces et quantités, en quintaux métriques, le relevé des grains et farines exportés depuis dix ans par le bureau des douanes de Bellegarde.

NATURE DES MARCHANDISES.			Quantités exportées de 1856 à 1865 inclusivement. COMMERCE GÉNÉRAL.	COMMERCE SPÉCIAL.
			Quintaux.	Quintaux.
CÉRÉALES	GRAINS	Froment	281.822	230.916
		Seigle	18.662	18.649
		Maïs	25.339	16.222
		Orge	63.232	63.232
		Sarrasin	636	636
		Avoine	118.313	110.490
	FARINES	Froment	337.854	136.480
		Seigle	1.661	1.661
		Maïs	3.998	2.548
		Orge	87	87
		Avoine	2	2

Ces blés et farines proviennent principalement des arrondissements de Bourg et de Trévoux. Le courant commercial qui porte les blés du département de l'Ain à Genève et en Suisse, est déjà ancien. Le chemin de fer de Genève a développé ce courant, mais il ne l'a point créé.

Il est évident que ces expéditions de blés et de farines n'ont pu avoir qu'un seul effet, soutenir et relever les prix sur nos marchés.

Au bureau des Rousses (Jura) l'exportation a été beaucoup moins importante. Elle ne comprend, pour la même période, que 2,757 quintaux de céréales diverses en grains, et 30,080 quintaux de farines, dont 29,718 de farine de froment.

149. Quels ont été les effets produits par la suppression de l'échelle mobile et quelle a été l'influence de la législation qui régit aujourd'hui notre commerce d'importation et d'exportation des grains avec l'étranger depuis la loi du 15 juin 1861?

Une double préoccupation avait présidé à l'organisation de l'échelle mobile : assurer notre approvisionnement en cas de déficit de la récolte et protéger notre agriculture dans les années d'abondance contre l'importation des blés étrangers et contre l'avilissement de prix qui devait en être la suite. On espérait, par un jeu de tarifs mobiles, se rendre maître des prix et maintenir le blé à un taux voisin de 20 fr. l'hectolitre, avec de faibles écarts dans le sens de la hausse ou de la baisse.

Le tableau ci-joint qui contient, sauf quelques lacunes, le prix de l'hectolitre de blé sur le marché de Bourg depuis 1750 jusqu'à nos jours, montre que l'échelle mobile n'avait produit aucun effet utile sur le marché de Bourg comme sur les autres marchés du reste de la France. Le prix moyen du blé dans la période comprise entre 1819 et 1861, a dépassé trois fois 30 fr. l'hectolitre : en 1847 (30 f. 50); en 1855 (31 f. 42), et en 1856 (33 f. 45). Il est descendu 7 fois dans, la même période, au-dessous de 16 fr. : en 1820 (15 f. 90); en 1822 (15 f. 30); en 1823 (15 f. 90); en 1835 (15 f. 60); en 1849 (15 f. 80); en 1850 (15 f. 40);

enfin en 1851 (15 f. 20). Les prix extrêmes ont donc varié du simple au double.

Les écarts d'une année à l'autre ont été aussi très brusques et très-violents. De 1827 à 1828, le blé passe de 17 f. 20 à 29 f. 60, avec une hausse de plus de 12 f. De 1847 à 1848, même écart dans le sens de la baisse : de 30 f. 50 le blé tombe à 18 f. 25.

La période qui avait précédé l'établissement de l'échelle mobile offre encore des hausses et des baisses plus violentes. Mais, abstraction faite de l'état de guerre et des bouleversements de territoire qui devaient influer sur les prix, si les variations de cette période prouvaient quelque chose, ce sont les inconvénients de la réglementation et surtout de la pire des réglementations, celle qui n'est pas stable et qui vit d'expédients.

La période inaugurée en 1861 par la suppression de l'échelle mobile, réalise, avec le concours de voies de communication plus nombreuses et plus rapides, le but vainement poursuivi par l'échelle mobile, le nivellement des prix dans l'espace et dans le temps. Cette période nous offre coup sur coup l'abondance succédant à la disette, c'est-à-dire les meilleures conditions d'épreuve pour le nouveau régime. Or les prix extrêmes dans cette période, sont de 24 f. 35 en 1861, et de 16 f. 55 en 1865; et le plus grand écart d'une année à l'autre n'atteint pas 3 f. (23 fr. 20 en 1862 à 20 f. 28 en 1863). Il est vrai qu'en ce moment le prix est à 25 fr. environ. Mais le prix moyen de l'année sera certainement au-dessous de ce chiffre, à moins de circonstances qu'on ne saurait prévoir (1).

(1) Le prix moyen officiel du blé sur le marché de Bourg, en 1866, est de 20 fr. 52.

Ces faits s'expliquent très-naturellement par la loi scientifique qu'on peut formuler ainsi : Plus un marché est étendu, moins les effets des crises s'y font sentir; la production s'y règle plus facilement sur les besoins, et le prix des choses tend à y devenir uniforme dans l'espace et dans le temps, indépendant des causes qui provoquent momentanément la disette et la pléthore.

La liberté d'acheter et de vendre n'est pas la seule condition à remplir pour qu'un marché soit réellement étendu, il faut encore avoir la possibilité d'acheter et de vendre au loin ; il faut par conséquent avoir de faciles et rapides moyens de transport. Le développement des voies de communication agit donc dans le même sens que la liberté ce sont deux causes qui concourent au même but, qui engendrent les mêmes bienfaits et qui doivent être accueillies avec la même faveur.

150. Quelle influence attribue-t-on aux opérations d'importation temporaire des blés étrangers pour la mouture et de réexportation des farines, etc?

L'importation des blés étrangers qui se réexportent après avoir été convertis en farine, ne peut évidemment exercer aucune influence sur le prix des blés français. Mais pour qu'il en soit ainsi, même aux yeux de ceux qui pensent que l'introduction des blés étrangers, sans qu'ils soient assujettis à aucun droit, est une cause de dépréciation pour les blés du pays, il est utile que les farines provenant de ces blés ne puissent être exportées que par les ports du littoral où ils ont été introduits.

Tout en constatant, comme il va être dit, que le département de l'Ain bénéficie dans une certaine mesure de la faculté laissée aux importateurs de négocier les acquits-à-caution d'admission temporaire, la Société d'Emulation pense néanmoins que cette faculté n'est avantageuse aux pays d'exportation que parce qu'elle est nuisible à la culture de la région qui importe, et qu'elle devrait être non pas détruite, mais ramenée à de justes bornes.

Les acquits-à-caution délivrés dans le port de Marseille, devraient être déchargés, par exemple, exclusivement dans la région du sud-est, dont le département de l'Ain fait partie.

151. Quelle a été, dans la contrée, l'importance des quantités de blé étranger introduites pour la mouture? Quelles ont été les quantités de farines exportées en représentation des blés étrangers admis pour la mouture? Quel effet ces opérations ont-elles pu avoir sur le cours des grains?

Il n'a pas été introduit dans le département de l'Ain, depuis dix ans, la moindre quantité de blé étranger pour la mouture. Le bureau des douanes de Bellegarde (Ain) et celui des Rousses (Jura) ont délivré l'un et l'autre, à la date du 7 septembre 1866, un certificat complètement négatif, pour la période comprise entre 1856 et 1865 inclusivement.

Il n'en est pas de même de l'exportation des farines en représentation des blés étrangers admis pour la mouture. Cette réexportation, à la décharge d'acquits-à-caution d'admission temporaire, comprend pour la période de 10 ans, comprise entre le 1er janvier 1856 et le 31 décembre 1865, et pour le seul bureau des douanes de Bellegarde, 197,768 quintaux de farines de froment blutées à 30 0/0, représentant par conséquent 279,668 quintaux métriques de blé, ou l'équivalent de 372,890 hectolitres. C'est par année commune une moyenne de 19,777 quintaux de farines, représentant 27,967 quintaux de blé ou 37,289 hectolitres.

Cette réexportation, à la décharge d'acquits-à-caution d'admission temporaire, a de l'intérêt pour le département de l'Ain, qui produit des céréales au-delà de ses besoins, qui est par conséquent un pays d'exportation. Il est à croire que, sans la faculté de négocier les acquits-à-caution délivrés dans les ports d'importation, cette réexportation ne se fût pas produite, ou en tout cas, n'eût pas atteint le même développement. Il serait resté plus de blé sur nos marchés, et le cours en eût été déprécié dans une certaine mesure.

Au bureau des Rousses, il n'a été réexporté dans la même période de 10 ans, que 1848 quintaux de farines, en représentation de blés étrangers admis pour la mouture.

152. Quelle action ont pu exercer les traités de commerce conclus avec diverses puissances étrangères au point de vue du placement, etc ?

Les traités de commerce conclus avec diverses puissances étrangères n'intéressent pas tous au même degré le département de l'Ain. D'une manière générale ces traités ont été utiles à l'agriculture et ils ont favorisé, soit directement, soit indirectement, l'écoulement de nos produits.

Celui qui nous touche de plus près, et dont les dispositions exerceront l'influence la plus immédiate sur le cours de nos marchés, c'est le traité de commerce conclu entre la France et la Suisse, à la date du 30 juin 1864 et dont l'application remonte à peine au 1er janvier 1866. — Nous possédons quelques chiffres d'importation ou d'exportation qui sont relatifs au bureau des douanes de Bellegarde, avant comme depuis la mise en vigueur du traité. Mais ces chiffres ne portent pas sur une période de temps suffisante pour qu'il soit permis d'en tirer la moindre conclusion.

153. Quelle influence ces mêmes traités ont-ils pu avoir sur les prix de vente et de location des terres qui sont à portée de profiter des nouveaux débouchés extérieurs qu'ils ont créés ?

L'accroissement du prix de fermage des terres dans le département de l'Ain suit une marche rapide et continue depuis 1856. (Voir le tableau intitulé *Revenu du sol.*) Mais cette marche ascensionnelle de la rente est due à plusieurs causes. Bien que les traités de commerce n'y soient point étrangers, il nous paraît cependant impossible de déterminer exactement la part d'influence qu'ils ont pu exercer.

154. Quel a été l'effet de ces traités sur l'importation étrangère, et par suite sur le prix de revient des matières premières, etc ?

De toutes les matières premières qui servent à l'agriculture dans le département de l'Ain, le fer est la seule dont les traités de commerce aient abaissé sensiblement le prix. Par suite, le prix des charrues construites dans le pays s'est abaissé d'un dixième environ. Mais les autres machines agricoles ou instruments en usage dans le département de l'Ain, n'ont subi qu'une diminution moins sensible.

155. Quels sont, dans la législation civile et générale, les points auxquels il paraîtrait y avoir lieu d'apporter des modifications que l'on considérerait comme utiles à l'agriculture ?

Ce n'est pas dans la loi qu'est le plus grand obstacle aux progrès de l'agriculture, c'est dans nos mœurs. Nous nous figurons volontiers et nous aimons à le dire, que nous sommes une nation essentiellement agricole, parce que nous avons 24 à 26 millions de cultivateurs voués aux travaux de l'industrie qui nous nourrit. Mais ces millions de cultivateurs pèsent peu dans la balance, parce qu'ils sont peu éclairés, même sur les choses de leur profession. Hors de là, nous sommes une nation d'avocats, de fonctionnaires et de gens d'affaires : aptes à tout, étrangers à rien, si ce n'est peut-être aux choses de l'agriculture. C'est donc nos mœurs qu'il faut réformer avant tout, c'est nos idées qu'il faut modifier, en procédant logiquement de haut en bas et non de bas en haut.

Il faut que l'agriculture soit entourée de la considération qu'elle mérite : à cette condition seulement elle attirera les intelligences et appellera les capitaux. Il faut que l'enseignement agricole soit complet, depuis l'école supérieure jusqu'à la ferme-école, afin que l'agriculture puisse demander des services à toutes les positions sociales, en proportionnant à ces services la considération ou les honneurs dont elle dispose. Il faut que l'enseignement des lycées devienne plus viril, plus moderne, mieux approprié aux besoins de notre temps, afin de développer l'initiative individuelle dans nos esprits les plus cultivés, et de les préparer d'avance au rôle de propriétaires prévoyants et éclairés. Il faut enfin que les connaissances premières, qui sont indispensables pour arriver à un enseignement technique, soient assurées largement à tous et surtout aux cultivateurs.

Hors de là, l'agriculture a peu à demander à la législation. Ses conditions essentielles de développement, c'est l'instruction d'une part, et de l'autre la sécurité et la liberté.

Instruction primaire. — Ce qui nuit le plus aux progrès

de l'agriculture dans le département de l'Ain, c'est le défaut d'instruction chez les cultivateurs.

Beaucoup de travaux peu coûteux et très-productifs sont à la portée du petit cultivateur : ces travaux ne s'exécutent pas, au grand préjudice de l'agriculture, parce que le cultivateur n'en connaît ni l'importance, ni l'efficacité, parce qu'il est ignorant. Tels sont entr'autres les travaux d'amélioration de prairies (assainissement, irrigation, fumure) et les soins à donner au fumier de ferme pour sa conservation, les règles qui doivent présider au choix et à l'entretien du bétail. Les bonnes pratiques, sous ces divers rapports, ne sont ni plus coûteuses, ni plus gênantes que les mauvaises, et elles seraient une source de progrès et de prospérité. Mais l'obstacle c'est l'ignorance. Le cultivateur ne fait pas mieux, parce qu'il ne sait pas mieux faire et qu'il ne soupçonne même pas l'utilité de mieux faire.

L'instruction primaire est la base de toute instruction technique : ceux-là seulement qui savent lire et écrire ont l'esprit assez ouvert pour comparer, pour réfléchir et pour tirer parti de leurs observations ou de leurs lectures. Il en résulte que les cultivateurs ne deviendront habiles, prompts à se conformer aux méthodes jugées les meilleures parmi celles qui sont à leur portée, que lorsqu'ils auront reçu une instruction primaire suffisante.

L'enseignement agricole tend, il est vrai, à se mêler à l'enseignement primaire, et des efforts louables ont été faits dans ce sens par un certain nombre d'instituteurs. Mais ces efforts sont restés la plupart du temps stériles, parce que cet enseignement était incomplet ou défectueux. Ce qu'il s'agit de faire avant tout, c'est de redresser des erreurs accréditées, de vulgariser des pratiques peu coûteuses et d'ouvrir les esprits aux enseignements de l'expérience tant locale que générale. Mais cet enseignement qui doit négliger le côté technique de l'agriculture, parce que ce n'est pas le lieu, suppose un fonds d'idées et de notions qu'on ne saurait exiger d'un instituteur, alors qu'on ne le rencontre même pas aujourd'hui chez les esprits beaucoup plus cultivés et appartenant aux classes sociales supérieures. Les axiomes et les préjugés, c'est-à-dire les vérités acquises et les erreurs accréditées, qui forment le fonds du bagage populaire, sont des vérités ou des erreurs qui ont été léguées au peuple par les classes élevées. Tout lui vient de là, et nous ajoutons : tout lui viendra de là. Si l'on veut doter les cultivateurs de notions saines sur leur industrie, sur les hommes qui les entourent et sur les choses qu'ils côtoient, il est nécessaire de réduire ces notions en axiomes, et de les faire adopter tout d'abord par les esprits cultivés.

Cette considération nous amène à examiner le caractère de l'enseignement secondaire, et à chercher ce qu'il y aurait à faire, de ce côté, pour relever l'agriculture et la favoriser.

Enseignement secondaire. — L'enseignement secondaire dans les lycées et les collèges a pour but de féconder l'imagination et d'aiguiser l'esprit en développant sa finesse et sa sensibilité. Les auteurs que met en œuvre l'enseignement classique sont empruntés avec soin à l'antiquité la plus reculée, et le monde où il transporte les jeunes intelligences qu'il a mission de former, s'il a les mêmes passions que nous, est loin d'avoir les mêmes intérêts et surtout la même manière de les envisager.

L'enseignement philosophique lui-même est impuissant à redresser quelques idées fausses que puisent les jeunes gens dans la fréquentation des auteurs classiques et des vieilles sociétés : car il n'embrasse que le domaine moral et spirituel, et laisse complètement de côté le monde des intérêts matériels.

L'enseignement économique devrait être le complément de l'enseignement philosophique. M. Droz a dit que l'économie politique était le meilleur auxiliaire de la morale. Chaque jour qui s'écoule confirme la justesse de cette assertion.

Toutes les utopies anciennes ou modernes, toutes les théories socialistes ou communistes, tous ces discours étranges prononcés à Liège ou ailleurs, s'ils dénotent l'égarement des imaginations, ne dénotent-ils pas avec bien plus de force une ignorance radicale des principes les plus élémentaires de la science des intérêts, et par conséquent une lacune regrettable dans l'enseignement classique? A ces passions surexcitées par l'ignorance, la société ne doit point se borner à opposer la prison ou des coups de fusil : car ce n'est que par l'enseignement des vérités économiques qu'elle pourra se protéger efficacement.

L'agriculture y gagnerait sous plus d'un rapport. L'enseignement économique est essentiellement propre à lui assigner sa véritable valeur et à rehausser ainsi sa considération. C'est une industrie complexe, la plus complexe et la plus difficile de toutes, celle où les combinaisons de l'intelligence peuvent exercer l'influence la plus féconde et où les applications de la science doivent jouer le rôle le plus décisif. Quand il ne sortirait d'un pareil enseignement d'autre fruit que cette vérité, cela suffirait pour justifier une science, qui loin de dédaigner, comme certains déclamateurs prétendus moralistes, le côté matériel de la civilisation, fait de la richesse individuelle et générale la base harmonique et légitime de la société et confond si étroitement le juste et l'utile qu'à ses yeux l'un ne saurait aller sans l'autre.

Mais l'agriculture y gagnerait surtout par la diffusion des principes qui la dirigent et en dehors desquels elle ne saurait se développer. Le rôle du capital, de l'intelligence et du travail dans la production agricole, les déplorables conséquences de l'absentéisme et de la tutelle administrative, la fécondité du principe de la liberté, la puissance de l'initiative individuelle, toutes ces vérités si méconnues, toutes ces règles si ignorées qui dominent chaque industrie, seraient inoculées de bonne heure aux générations qui suivent l'enseignement classique et ne tarderaient pas à descendre dans le domaine public sous la forme d'axiomes aussi incontestés qu'incontestables.

Alors même que les jeunes gens, au sortir du lycée, ne prendraient pas, en plus grand nombre qu'aujourd'hui, le chemin des écoles d'agriculture, ils auraient puisé dans cet enseignement assez de notions saines pour devenir des propriétaires éclairés, capables de diriger avec profit pour eux-mêmes et pour le sol, leurs intérêts et ceux de l'agriculture. Ce qui nous manque, au moins autant que les bons cultivateurs, ce sont les bons propriétaires, et l'enseignement économique dans les lycées serait essentiellement propre à les former.

Les questions économiques introduites récemment dans le programme officiel de l'enseignement de l'histoire, ne sont point suffisantes. Pour fortifier le jugement des élèves qui suivent le cours des lycées, il faut beaucoup plus, c'est-à-dire un enseignement économique aussi complet que l'enseignement philosophique lui-même, un enseignement analogue à celui qui a été introduit récemment dans le programme de l'enseignement secondaire spécial.

156. Quels sont, dans la législation fiscale, les points auxquels il paraîtrait y avoir lieu d'apporter des modifications que l'on considérerait comme utiles à l'agriculture ?

Les octrois des grandes villes frappent d'un droit excessif certains produits agricoles, notamment le vin. Ce droit a en outre l'inconvénient d'être uniforme, sans tenir compte de la qualité et du prix commercial du produit.

Les inconvénients qui en résultent sont nombreux. Le prix des vins d'un usage courant est exagéré dans l'enceinte de l'octroi de ces villes, et la consommation en est ainsi restreinte. L'agriculture y perd un débouché important. D'un autre côté, la population paie ce produit très-cher, et elle est mal servie. Les sophistications, les mélanges, les fraudes sont le résultat inévitable de l'élévation des tarifs.

Il y aurait un grand intérêt pour l'agriculture et pour la population des grandes villes à abaisser soit le droit de consommation perçu sur les vins, soit le tarif du droit d'entrée perçu par l'octroi, et à mettre ces droits en harmonie avec le principe d'équité, en l'établissant autant que possible *ad valorem*, d'après le lieu de provenance.

157 Quelles sont les autres causes générales qui ont pu influer dans un sens favorable ou nuisible sur la prospérité agricole ?

L'instruction; la sécurité et la liberté : voilà les trois conditions normales, essentielles du développement de l'agriculture. L'ignorance, le désordre et la guerre, voilà les obstacles les plus puissants à sa prospérité.

Pour ne parler ici que du désordre et de la guerre, il est incontestable que ce sont là les deux causes qui ont pesé le plus lourdement sur l'agriculture dans le passé, et qui ont le plus contribué à retarder son essor. Il suffit pour s'en convaincre de jeter les yeux sur celui des tableaux annexés à ce questionnaire, qui est intitulé : *Revenu du sol dans le département de l'Ain.*

Sous le règne de Louis XVI le revenu du sol avait suivi une progression remarquable, qui s'était encore accélérée dans les premières années de la Révolution française, par suite de la suppression de la dîme, de la proclamation des libertés civiles et de la liberté des cultures. Il résulte en effet de ce tableau qu'à l'avènement de Louis XVI, la rente en Bresse pouvait être évaluée moyennement à 15 livres. Elle était à 22 livres en 1780, à 30 livres en 1790, et s'élevait à 40 livres en 1795.

A dater de 1796, et sous la double influence des désordres du Directoire et des guerres du premier Empire, la rente foncière suivit une marche descendante aussi rapide que la marche ascensionnelle qui avait précédé et accompagné la Révolution française. En 1802, la rente était revenue au taux moyen de 30 fr. ; elle se maintint à ce chiffre presque sans variation dans le sens de la hausse ou de la baisse, jusque vers les dernières années de la Restauration, c'est-à-dire jusqu'en 1827. Ainsi, à l'avènement du gouvernement de juillet, le revenu du sol n'était pas sensiblement plus élevé que dans les premières années de la Révolution ; en 1840, il dépassait à peine le chiffre de 1795. Il nous avait donc fallu 25 ans de paix générale pour panser les blessures faites à la propriété foncière par le manque de sécurité sous le Directoire, par les guerres sans fin du premier Empire, et par les désastres des deux invasions. C'est au total 45 ans perdus pour la propriété et pour l'agriculture.

Le même fait se reproduit sur une petite échelle et d'une manière moins sensible dans la période comprise entre 1848 et 1856. Le manque de sécurité dans les premières années de cette période, la guerre de Crimée dans les dernières : voilà deux causes qui n'allèrent pas jusqu'à imprimer à la rente foncière un mouvement rétrograde, mais qui en retardèrent notablement la marche. C'est à peine si durant ces huit années, la propriété semble gagner autant qu'en 2 ou 3 années de sécurité et de paix.

La paix dont nous avons joui presque sans interruption depuis lors (la guerre d'Italie n'a pas affecté la rente foncière, mais nous serions fort surpris si les profits de la culture n'en avaient reçu quelque atteinte), le développement de l'instruction primaire, la création des chemins vicinaux et des chemins de fer, les encouragements prodigués à l'agriculture, toutes ces causes ont provoqué une hausse rapide de la rente foncière, qui, du chiffre de 40 fr. vers 1840, s'est élevée successivement jusqu'au chiffre de 65 ou 66 francs en 1866. La dernière période que nous venons de traverser est surtout remarquable sous ce rapport. Dans tous les baux qui ont été renouvelés en 1865 et 1866, les prix de fermage ont été augmentés suivant une proportion qui n'a d'équivalente que dans la période comprise entre entre 1774 et 1795.

159. Les réunions commerciales, telles que les foires et marchés, etc.

Les réunions commerciales sont en nombre très-suffisant dans le département de l'Ain, et s'il y avait des modifications à faire sous ce rapport, elles devraient avoir pour objet des suppressions.

160. Existe-t-il des mesures réglementaires émanant des autorités locales et qui seraient de nature à entraver les transactions ?

La plupart des règlements municipaux relatifs à la tenue des foires et marchés prononcent, sous peine d'amende, l'interdiction de la vente ailleurs que dans le lieu désigné, ou champ de foire. Une pensée de fiscalité se cache sans doute sous cette interdiction. Mais elle n'en est pas moins regrettable, parce qu'elle est une violation manifeste de la liberté des transactions.

De même en ce qui concerne la vente des œufs, du beurre et de la volaille, quelques municipalités interdisent aux pourvoyeurs ou marchands en gros l'entrée du marché avant une heure déterminée. C'est une pensée de tutelle et de protection qui domine ici. Il s'agit d'assurer l'approvisionnement local, avant de permettre au commerce de faire des achats.

Toutes ces prescriptions et quelques autres sont un reste de la législation gothique qui régissait autrefois dans chaque ville ou bourgade la tenue des foires et marchés. L'autorité administrative devrait soumettre à une révision complète tous ces règlements surannés, qui sont un obstacle aux transactions, et parfois une perte de temps ou d'argent pour l'agriculture. Sur tous ces points, comme sur nombre d'autres, il n'y a que des avantages et nul inconvénient à *laisser faire*.

161. Quels seraient enfin les moyens les plus propres à améliorer, etc.

Un décret de 1852 a supprimé l'Ecole supérieure d'agriculture fondée à Versailles, sous le titre d'*Institut agronomique*. Nous en demandons le rétablissement.

Malgré sa durée éphémère, l'Institut de Versailles a fait beaucoup pour la science agricole. Aucune institution n'était plus propre à faire honorer l'agriculture et à la faire progresser.

Les jeunes gens appartenant à des familles riches, qui pourraient se vouer à l'agriculture et lui rendre de réels services, dédaignent l'enseignement des écoles régionales parce qu'il n'est pas assez élevé. Une école supérieure, ayant avant tout un caractère scientifique, où le concours serait la règle d'admission, déciderait les jeunes gens riches à consacrer à l'agriculture leur influence, leurs capitaux et leurs lumières.

Le bien qui en résulterait pour l'agriculture serait immense.

C'est surtout dans un établissement scientifique fondé et entretenu par l'Etat, que les problèmes soulevés à chaque instant par l'agriculture peuvent être étudiés et résolus. L'influence assurée aux élèves de cette école par le degré d'instruction exigée pour l'admission, et par la valeur de l'enseignement qui y serait donné, cette influence tournerait tout entière au profit de l'agriculture. C'est alors seulement que les saines idées d'économie rurale pénétreraient rapidement dans les masses, parce qu'elles viendraient de haut. La science et les capitaux sont les deux éléments les plus féconds de l'industrie agricole. Une école supérieure serait le meilleur moyen d'attirer les capitaux vers l'agriculture et de lui assurer le concours précieux de la science.

L'enseignement des écoles régionales ne laisse rien à désirer.

On peut reprocher à quelques fermes-écoles d'avoir contribué à faire des domestiques de bonne maison plutôt que des ouvriers agricoles façonnés aux bonnes méthodes et à l'emploi des instruments perfectionnés. Mais cette direction vicieuse peut être corrigée, et le principe de ces institutions est excellent. Le bien qu'elles font est limité, mais il est réel. On ne peut que regretter des vices de direction, là où ils se manifestent, et souhaiter que le gouvernement soit en mesure de doter d'une ferme-école chacun de nos départements.

Cet enseignement agricole serait très-utilement complété par des notions élémentaires d'économie rurale, distribuées aux élèves des écoles normales, qui se destinent à devenir des instituteurs primaires, et par des conférences agricoles données aux habitants des campagnes.

Pour les écoles normales, l'enseignement de l'économie rurale pourrait être calqué sur l'enseignement de même nature qui fait partie du programme de l'enseignement secondaire spécial : on le compléterait par quelques notions sur la tenue des fumiers, sur l'amélioration du bétail, sur les avantages des labours profonds, etc.

Quant aux conférences agricoles à faire aux cultivateurs, c'est dans les communes rurales, et non dans les chefs-lieux de canton qu'elles devraient être faites. L'expérience a prouvé, dans le département de l'Ain, que les cultivateurs aiment peu à se déplacer, et que les conférences les plus suivies sont celles qui sont faites dans les villages. Ces conférences devraient porter sur les points les plus importants, les plus négligés et les plus mal compris de l'économie rurale : fourrages, bétail et fumier.

Quelques comices, et ceux de Bourg et de Trévoux sont du nombre, ont compris cet enseignement dans leur programme. Mais les ressources des comices sont très-limitées, et le bien qu'ils opèrent sous ce rapport est forcément restreint. Une large subvention destinée à doter nos campagnes d'un enseignement nomade porterait les plus heureux fruits.

Bourg, le 3 septembre 1866.

Le Président de la Société, RODET.

Le Rapporteur, DUBOST.

NOTE.

Le travail qui précède est la reproduction littérale de la déposition faite au nom de la Société d'Emulation dans l'enquête agricole. L'auteur y avait joint trois tableaux représentant par des courbes graphiques :

1° Le revenu du sol dans l'arrondissement de Bourg, de 1750 à 1865 :

2° Le prix de l'hectolitre de blé sur le marché de Bourg depuis 1750 ;

3° Enfin le prix d'une paire de bœufs de labour, depuis la même date.

Le premier de ces tableaux était sans contredit le plus important et le plus compliqué. Il représentait les variations du revenu de 27 domaines appartenant à l'administration des hospices et situés en majeure partie dans l'arrondissement de Bourg.

L'auteur regrette de n'avoir pu faire reproduire ici ce tableau.

L'enquête, qui a eu lieu depuis la rédaction de ce travail, n'a pu que fortifier notre conviction, que la liberté est le meilleur des régimes pour l'agriculture, mais elle a modifié nos idées sur quelques points de détail; elle a rectifié ou complété quelques-uns des faits qui sont cités ici. Nous ferions sans aucun doute ce travail plus exact et plus complet si nous avions à le refaire aujourd'hui. Mais nous n'avons pu songer à mettre à profit les enseignements de l'enquête, pour améliorer, sans l'assentiment de la Société d'Emulation, une œuvre qui avait reçu son approbation. Nous devons laisser ce travail tel qu'il a été conçu, parce qu'il est l'expression exacte des idées de cette Société sur la situation agricole du pays, sur ses vœux et sur ses intérêts.

Bourg, le 20 mai 1867.

DUBOST,

Ancien élève de l'Institut agronomique de Versailles.

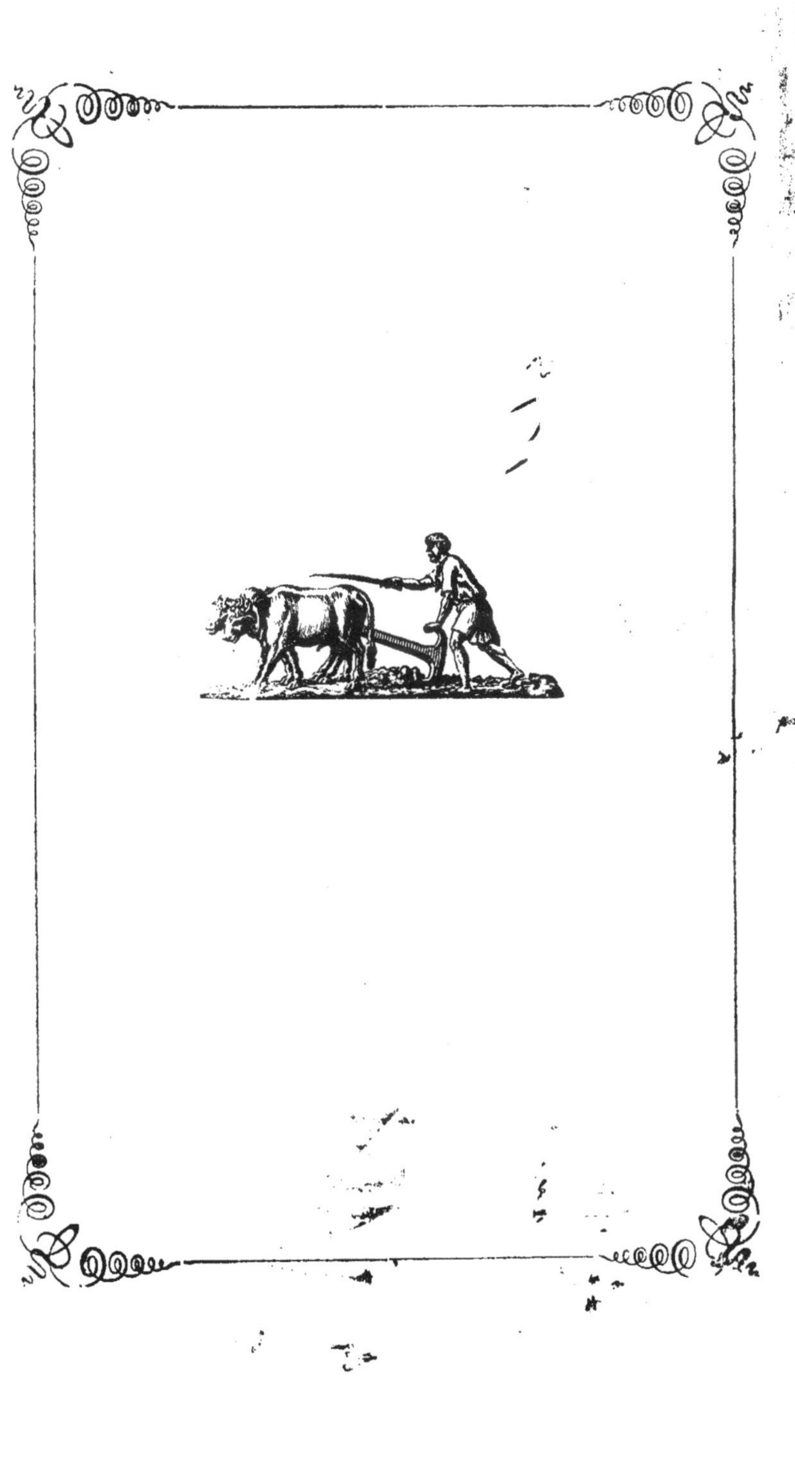

www.ingramcontent.com/pod-product-compliance
Ingram Content Group UK Ltd.
Pitfield, Milton Keynes, MK11 3LW, UK
UKHW020933180726
13838UKWH00002B/928